高等学校计算机应用规划教材

网页设计与制作实例教程

（第2版）（微课版）

方其桂　著

清华大学出版社

北　京

内 容 简 介

Dreamweaver CS6 是一款集网页制作和网站管理于一体的所见即所得的网页编辑器，是针对专业网页设计师特别开发的视觉化网页开发工具。本书从实用的角度出发，以简明生动的语言，采用实例式教学方式，由浅入深地介绍了网页制作的过程，并详细介绍了实践中的经验和技巧。全书图文并茂，理论与实践相结合，每个实例都给出了详细的步骤，便于读者学习。

本书可作为高等院校计算机、多媒体、电子商务等专业的教材，也可作为信息技术培训机构的培训用书，还可作为网页设计与制作人员、网站建设与开发人员、多媒体设计与开发人员的参考书。

图书在版编目(CIP)数据

网页设计与制作实例教程：微课版 / 方其桂 著. —2 版. —北京：清华大学出版社，2020.6(2021.2重印)
高等学校计算机应用规划教材
ISBN 978-7-302-53871-4

Ⅰ. ①网… Ⅱ. ①方… Ⅲ. ①网页制作工具—高等学校—教材 Ⅳ. ①TP393.092

中国版本图书馆 CIP 数据核字(2019)第 212925 号

责任编辑：刘金喜
封面设计：常雪影
版式设计：孔祥峰
责任校对：成凤进
责任印制：宋 林

出版发行：清华大学出版社
　　　　网　　　址：http://www.tup.com.cn，http://www.wqbook.com
　　　　地　　　址：北京清华大学学研大厦 A 座　　　　　　邮　　编：100084
　　　　社 总 机：010-62770175　　　　　　　　　　　　邮　　购：010-62786544
　　　　投稿与读者服务：010-62776969，c-service@tup.tsinghua.edu.cn
　　　　质 量 反 馈：010-62772015，zhiliang@tup.tsinghua.edu.cn
　　　　课 件 下 载：http://www.tup.com.cn，010-62794504
印 装 者：三河市龙大印装有限公司
经　　销：全国新华书店
开　　本：185mm×260mm　　　　印　　张：18　　　　字　　数：427 千字
版　　次：2016 年 6 月第 1 版　　2020 年 6 月第 2 版　　印　　次：2021 年 2 月第 2 次印刷
定　　价：58.00 元

产品编号：084840-01

前　言

一、学习网页制作的意义

互联网已经成为覆盖面广、规模大、信息资源丰富的计算机信息网络，它不仅给人们提供了一个全新的获取信息的手段，而且正在逐步改变人们的生活、学习和工作方式。互联网的迅速发展，使人们进入一个前所未有的信息化社会。作为互联网的主要组成部分，网站得到了广泛的应用。企业和机构通过网站宣传自己的技术和产品，人们从不同的网站获取所需要的信息。网页是网站的主要组成部分，因此网页设计与制作技术越来越受到关注。为适应社会的需求，目前，网页设计与制作已经成为许多高校计算机专业及越来越多的非计算机专业学生必须掌握的基本技能之一，因此各高校纷纷开设了网页设计及制作的相关课程。

二、本书修订

《网页设计与制作实例教程》出版后，受到读者肯定，多次加印。我们这次组织优秀教师对此书进行修订，修订时主要做了以下几个方面的改进。

- 更新软件：将所涉及的软件更新到最新版本，将软件升级为 Dreamweaver CC 2018 版。
- 更换案例：更新了多数网页案例，使之更贴近教学实践。
- 优化内容：补充一些实用性、技巧性强的内容，使其更切合网页制作所需。
- 完善体系：进一步精心修改完善内容，使内容的分布和知识点的详略科学、有度。

三、本书结构

本书是专门为一线教师、师范院校的学生和专业从事网页设计与制作的人员编写的教材，为便于学习，设计了如下栏目。

- 跟我学：每个实例都通过"跟我学"轻松学习掌握，其中包括多个"阶段框"，将任务进一步细分成若干个更小的任务，降低了阅读难度。
- 创新园：对所学知识进行多层次的巩固和强化。
- 知识库：介绍涉及的基本概念和理论知识，以便深入理解相关知识。
- 小结与习题：对全章内容进行归纳、总结，同时用习题来检测学习效果。

四、本书特色

本书打破传统写法，各章节均以实例入手，逐步深入介绍 Dreamweaver 网页设计与制作的方法和技巧。本书有以下几个特点。

- 内容实用：本书所有实例均选自网页主要应用领域，内容编排结构合理。

- 图文并茂：在介绍具体操作步骤过程中，语言简洁，基本上每一个步骤都配有对应的插图，用图文来分解复杂的步骤。路径式图示引导，便于读者一边翻阅图书，一边上机操作。
- 提示技巧：本书对读者在学习过程中可能会遇到的问题以"小贴士"和"知识库"的形式进行了说明，以免读者在学习过程中走弯路。
- 便于上手：本书以实例为线索，利用实例将网页设计与制作技术串联起来，书中的实例都非常典型、实用。

五、教学资源

为便于教学和自学，本书提供微课视频、实例源文件和 PPT 课件。读者可通过扫描下方二维码，将链接地址推送到自己的邮箱进行下载；也可通过移动终端扫描正文中的二维码，直接观看实例微课视频。

PPT 课件+案例源文件

微课视频

六、本书作者

参与本书修订编写的作者有省级教研人员、一线信息技术教师，他们不仅长期从事信息技术教学，而且都有较为丰富的计算机图书编写经验。

本书由方其桂著并统稿，梁祥、赵青松担任副主编。参与修订的有王军、夏兰、梁祥、唐小华、赵青松、张青，配套教学资料由方其桂整理制作。

第 1 版作者有：梁祥、夏兰、李东亚、张青、蒋舒静、唐小华、赵青松、王军、陈福宝、孙涛。

虽然我们有着十多年撰写计算机图书(累计已编写、出版一百余本)编写方面的经验，并尽力认真构思验证和反复审核修改，但仍难免有一些瑕疵。我们深知一本图书的好坏，需要广大读者去检验评说，在这里，我们衷心希望您对本书提出宝贵的意见和建议。读者在学习使用过程中，对同样实例的制作，可能会有更好的制作方法，也可能对书中某些实例的制作方法的科学性和实用性提出质疑，敬请读者批评指正。

服务邮箱：476371891@qq.com。

方其桂
2019 年春

目　　录

V

第 1 章

网页与网站基础

如今网络已经成为人们生活、学习、娱乐和工作不可缺少的一部分，而网页是互联网信息来源和信息展示的主要途径。随着网页设计制作工具更加完善、强大和操作更加简单、便捷，网页制作不再只局限于少数专业设计人员，对于一些具有计算机基础的人来说，只要选择合适的网页制作工具，也能设计制作出优秀的网页。但在制作网页之前，有一些知识还要了解和掌握，如网页知识、网站的组成、网页编写语言、网页设计流程等。

通过本章的学习，读者将掌握网页与网站的基础知识，了解网页与网站的相关概念，感受网页编写语言，了解网站开发的流程。希望通过这一章的学习，读者能够逐步掌握网页设计的基本概念，为下一步的学习打下基础。

本章内容：

- 网页网站知识
- 网页的组成
- 网页编写语言与制作工具
- 网页设计的基本流程

1.1 网页网站知识

随着网络技术的不断发展，网页网站设计制作水平的日益提高，在人才市场上对网页与网站设计制作工作人员的需求越来越大，要求也越来越高。要想掌握网页与网站的设计与制作，必须先了解网页与网站的一些知识。

1.1.1 认识网站

Internet 上有很多网站，它们为人们提供了各种各样的资源，通过浏览这些网站，可以获取很多信息。

1. 网站组成

如果每个网页是一片"树叶"，那么网站就是那棵"树"，Internet 就是"地球"。因此，网站即网页的集合地。人们可以通过网站来发布自己想要公开的资讯，或者利用网站来提供相关的网络服务，也可以通过网页浏览器来访问网站，获取自己需要的资讯或者享受网络服务。

网站设计者先将整个网站结构规划好，然后再分别制作各个网页。大多数网站都会为浏览者提供一个首页，然后再将其他网页与首页链接起来。如图 1-1 所示为教育部网站的首页。

图 1-1　教育部网站的首页

网站由多个网页组成，通过链接将多个网页链接成一个整体，利用网站首页所提供的主菜单、导航菜单及关键词搜索等，可以方便地查找所需网页的内容。

2. 网站分类

最直观的网站分类方法是按网站的主题进行分类。主题就是网站的题材，它决定网站的内容，体现网站代表的形象。一般常见的题材有公司企业、休闲娱乐、教育培训、电脑网络、文化艺术、交通旅游等，而每一个题材又可以继续划分，如图 1-2 所示。

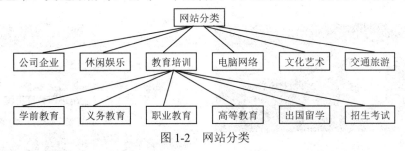

图 1-2　网站分类

网站的分类方法有如下几种。

● 根据网站的用途分类，可分为门户网站(综合网站)、行业网站、娱乐网站等，如图 1-3 所示。

门户网站　　　　　　　　　　　　　行业网站

图 1-3　按网站的用途分类部分网站展示

● 根据网站的功能分类，可分为单一网站(企业网站)、多功能网站(网络商城)等，如图 1-4 所示。

单一网站　　　　　　　　　　　　　多功能网站

图 1-4　按网站的功能分类部分网站展示

● 根据网站的持有者分类,可分为个人网站、商业网站、政府网站、教育网站等,如图 1-5 所示。

个人网站　　　　　　　　　　　　教育网站

图 1-5　按网站的持有者分类部分网站展示

● 根据网站的商业目的分类,可分为营利性网站(如行业网站、论坛)和非营利性网站(如企业网站、政府网站、教育网站)。

3. 网站特征

访问了各类不同的网站后发现,虽然它们表面上看起来具有很大的差异,但实际上作为网站本身又具有很多共同的特征,这些特征主要表现在以下几个方面。

(1) 大量的网页

网站是由大量的网页组成的,所以从某种角度上讲,建设网站就是制作网页。如图 1-6 所示,在所有的网页中,网站的主页是整个网站中最为重要的一个网页。

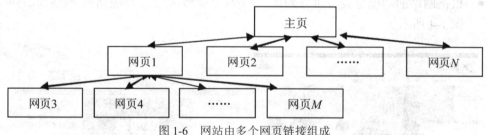

图 1-6　网站由多个网页链接组成

(2) 特色鲜明的网站标志

任何一个网站都有自己的网站标志,而且都力求自己的网站标志标新立异、与众不同。一个好的网站标志通常具有朗朗上口的名字和醒目的图片造型。

(3) 统一的风格

网站虽然有很多网页,但是作为一个整体来讲,它必须有一个统一的风格。主页是网站最为重要的网页,所以它的风格往往决定了整个网站的风格。

(4) 便捷的导航系统

导航是一个网站非常重要的组成部分，也是衡量一个网站是否优秀的主要标准。便捷的导航系统能够帮助用户以最快的速度找到自己需要的网页。导航系统最常用的实现方法就是导航条。

(5) 分层的栏目组织

将网站的内容分成若干个大栏目，再将大栏目分成若干个小栏目，然后再将小栏目分成若干个更小的栏目，这就是网站所用的最简单、最清晰的层次型组织方法。

(6) 切合主题的内容

任何网站都应有一个主题，然后所有的内容都围绕这个主题展开，不切合主题的内容不应出现在网站上。例如，教育部网站是政府网站，因而所有的内容都围绕教育工作展开。

(7) 网站互动栏目

网站是一个开放的环境，除了发布信息之外，还有一个非常重要的功能就是收集用户的信息，与用户进行双向交流，如电子邮件、留言板、信息查询等。

(8) 域名

任何发布在因特网上的网站都有自己的域名。

4. 网站架构

网站的体系结构一般有 C/S 结构、B/S 结构和混合结构 3 种。一般大型网游都采用 C/S 结构，分为客户端和服务器；新闻网站类一般都采用 B/S 结构，用户直接通过浏览器即可浏览；而淘宝网、酷狗音乐等网站一般以上两种结构都采用，既可以使用网页访问，又可以通过软件访问。

(1) C/S 结构

C/S(Client/Server，客户机/服务器)结构，是把数据库内容放在远程的服务器上，而在客户机上安装相应软件。C/S 软件一般采用两层结构，其分布的结构如图 1-7 所示。

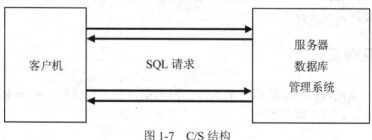

图 1-7　C/S 结构

C/S 结构由两部分构成：前端是客户机，即用户界面，用于接受用户的请求，并向数据库服务提出请求；后端是服务器，即数据管理，它将数据提交给客户端，客户端不仅要对数据进行计算并将结果呈现给用户，还要提供完美的安全保护及对数据完整性处理等操作，并允许多个客户同时访问同一个数据库。在这种结构中，服务器的硬件必须具有足够的数据处理能力，这样才能满足各客户的要求。

(2) B/S 结构

B/S(Browser/Server,浏览器/服务器)体系结构,又称为 BWD(Browser/Web Server/DB Server),是对 C/S 结构的一种变化或者改进的结构。该结构的用户界面完全通过 WWW 浏览器实现,一部分事务逻辑在前端实现,主要事务逻辑在服务器端实现,形成所谓的三层结构。

第一层客户机是用户与整个系统的接口,用户在网页提供的申请表上输入信息提交给后台,并提出处理请求。这个后台就是第二层的 Web 服务器。

第二层 Web 服务器将启动相应的进程来响应这一请求,并动态生成一串 HTML 代码,将其中嵌入处理的结果返回给客户机的浏览器。如果客户提交的请求包括数据的存取,Web 服务器还需与数据库服务器协同完成这一处理工作。

第三层数据库服务器负责协调不同的 Web 服务器发出的请求,管理数据库。B/S 结构如图 1-8 所示。

图 1-8 B/S 结构

(3) B/S 与 C/S 结合的结构

B/S 与 C/S 结合的结构充分发挥了两种体系结构的优势,弥补了两者的不足。信息发布采用 B/S 结构,保持了客户端的优点;数据库端采用 C/S 结构,可以构造非常复杂的应用,界面友好灵活,易于操作。

1.1.2　认识网页

网页是用来承载各种多媒体信息的文件,网站是由网页构成的,简单来说,网站就是一个个网页组成并相互关联的群体。

1. 网页概念

网页(Web)就是网站上的某一个页面,是向浏览者传递信息的载体。它以超文本和超媒体为技术,传递文字、图像、动画、音乐等,并通过客户端浏览器进行解析,从而向浏览者展示网页的各种内容。如图 1-9 所示为"中华人民共和国教育部"网站的网页效果。

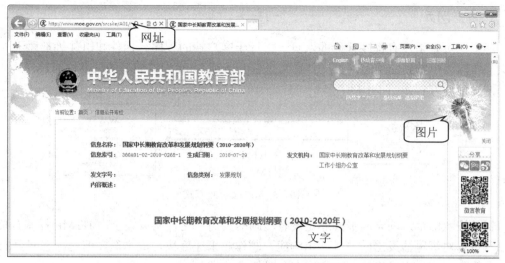

图1-9　"中华人民共和国教育部"网站的网页效果

2. 网页特点

网页特点主要表现在以下几个方面。

- 图形化的界面：在一个页面上同时显示色彩丰富的图形和文本，可以提供将图形、音频和视频等集于一体的信息资源。
- 兼容的系统平台：网页使用与系统平台无关，无论是Windows、UNIX、Macintosh、安卓等，用户都可以通过Internet访问网页，系统平台对用户浏览网页没有限制。
- 交互式的操作：当用户向Web提出请求后，Web就会提供用户需要的信息。例如，用户在百度搜索引擎中输入想查看的信息，确认搜索后，服务器将给出相关网站的网址，这就是一个交互行为。Web允许访问者在大量的信息中选择自己感兴趣的信息，然后跳转到相应的Web页面。
- 分布式的存储：在网络中有大量的图形、音频和视频信息，这会占用相当大的磁盘空间，不可以也没有必要将所有的信息都存储在一起，可以将其存放在不同的站点中，根据查询的情况进行选择来读取信息。
- 信息的时效性：Web站点上的信息是动态的、经常更新的，一般各信息站点都会尽量保证信息的时效性。

1.1.3　静态网页和动态网页

常见的网页有静态网页和动态网页两大类型：静态页面是不能随时改动的，静态是一次性写好放在服务器上进行浏览的，如果想改动，必须在页面上修改，然后再上传服务器覆盖原来的页面，这样才能更新信息，比较麻烦，使用者不能随时修改；动态页面是可以随时改变内容的，有前后台之分，管理员可以在后台随时更新网站的内容，前台页面的内容也会随之更新，比较简单易学。

1. 静态网页

静态网页是指没有程序代码的网页。运行于客户端的程序、插件和组件等都属于静态网页，在网络中看到的静态网页文件通常是以 htm 或 html 为扩展名的，俗称 HTML 文件，静态网页访问方式如图 1-10 所示。

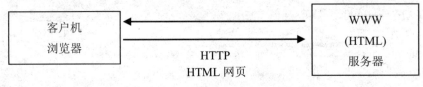

图 1-10　静态网页访问方式

需要注意的是，静态网页并非是没有动画的页面，这种网页完全由 HTML 标签构成，可以直接针对浏览器发出的请求做出响应，制作起来速度快，成本低。但是静态网页的模板一旦确定下来，不易修改，更新比较费时费事。

2. 动态网页

动态网页就是含有程序代码的网页。运行于服务器端的程序、网页和组件都属于动态网页，它们会随不同客户、不同时间及不同需要而返回不同的网页。

目前动态网页开发的技术标准分为多种，常见的是 ASP、PHP 和 JSP 等技术，它们虽然各有所长，但是都需要将脚本语言嵌入 HTML 中。

(1) 动态网站的特点

这里所说的动态网站，是指网站运用了服务器技术和网站动态生成的编程技术，网站的程序可以通过数据库中的数据动态更新和生成规模繁杂、功能强大的网站。例如，购物系统、商务管理系统等类型的网站，网站的程序可以实现的主要特征如下。

- 交互性：网页会根据用户的选择和要求产生各种用户所需要的结果，进而完成各种数据交互功能，如用户订票系统、图书查询系统。网站会根据用户提交的内容，自动查找到用户所需要的数据并生成用户所需要的网页。这种交互性主要体现在网页的实际功能方面。

- 自动更新：用户不需要手工制作 HTML 文件，即可根据数据库中的数据生成各种网页。例如，新闻系统和较大的门户网站上有大量的新闻和数据，这些新闻内容是利用网站系统自动生成的。

- 针对性：网页可以根据不同的地区、不同的人、不同时间的浏览，产生不同的内容，极大地丰富了网站的实用性。例如，网易的本地新闻，就可以根据用户的所在地区，生成用户所在地区的新闻。

(2) 动态网站的技术

以前的动态网站主要是使用 CGI 技术，可以使用 Visual Basic、Delphi 或 C/C++等语言开发 CGI 程序。虽然 CGI 的功能强大，但是其语法复杂，开发效率低下，程序维护更新难度较大，因此逐渐被其他网站编程技术所取代。现在比较流行的网页编程技术有 ASP、PHP、JSP、ASP.NET 等。

- ASP：是微软开发的一种网站编程技术。其主要特点是在网页中嵌入 HTML 代码，由 IIS 服务器解释运行网页。ASP 的语法规则虽然比较简单，但是功能强大，现在很多网站都是用 ASP 技术开发的，但只可以运行在微软的平台上。
- PHP：即超文本预处理器，是一种非常流行的网站开发技术。PHP 融合了 Java、C、Perl 等语言的特点，开发人员很容易学习和接受这种语言，并且需要编写的代码量很少，用户只要很少的编程就可以实现功能强大的动态网站。
- JSP：是由 SUN 公司推出的网站编辑技术，是基于 Java Servlet 及整个 Java 体系的 Web 开发技术。其基本特点是网站运行于 Java 虚拟机上，具有 Java 程序的半编译半解释型特点。
- ASP.NET：是微软新推出的在.NET平台下的Web应用服务编辑框架。它与ASP的区别是，ASP是解释型的语言，ASP程序是靠IIS的解释来运行的；而ASP.NET是编译型语言，ASP.NET的网站在IIS上编译后以可执行程序的形式运行。

1.2　网页的组成

网页结构即网页内容的布局，创建网页结构实际上就是对网页内容的布局进行规划，网页结构的创建是页面优化的重要环节之一，会直接影响用户体验效果。一个完整的网页通常有页头、正文和页尾 3 个部分，包含图片、文字、动画、视频等内容。

1.2.1　网页的页面结构

网页的页面通常可以分为 3 个部分：页头、正文和页尾，几乎每个网页都包含这 3 部分内容。同一网站中的正文的内容各不相同，但是页头和页尾内容都是相同的。网页的页面结构如图 1-11 所示。

图 1-11　网页的页面结构

1.2.2　网页基本组成元素

网页包含了许多元素，内容丰富，引人入胜，其基本构成元素包括文本、图像、动画、音频、视频等。

1. 文本

文本是指网页中叙述性的文字，是最理想的网页信息载体与交流工具，网页中主要信息一般都以文本为主，与图像网页元素相比，文字虽然不如图像那样容易被浏览者注意，但却能简明扼要地表达出主题。

为了克服文本的一些固有缺点，网页制作者赋予了网页中的文本更多的属性，如字体、字号、颜色、底纹和边框等，用户可以根据需要设置网页文本的格式。

2. 图像

图像是指网页中插入的具有说明性的图片。图像拥有丰富的色彩和表现形式，能够表达更加丰富的内容和含义，并且具有文本无法达到的视觉效果。添加适量的图像可以使制作的网页图文并茂，具有更好的活力和表现力。

在网页制作过程中合理地使用图像，可以使网页更加生动和具有视觉冲击力，但如果在网页中加入过多的图像，反而会影响网页的整体视觉效果，并会明显降低网页的下载速度。

在网页中可以使用 GIF、JPEG、BMP、TIFF 和 PNG 等格式的图像文件，其中使用最广泛的是 GIF 和 JPEG 两种图像文件格式。

3. 动画

动画在网页中的作用是有效地吸引访问者更多的注意，用户在设计网页时可以通过在页面中加入动画使页面更加生动。

在网页中使用的动画主要有 GIF 和 Flash 两种方式。GIF 动画主要用在对动画效果要求不高的网页中，如在网页中制作友情链接时，Logo 通常都使用 GIF 动画，且播放不需要插件。Flash 动画的品质优良，大型的、复杂的网页动画大多数都是使用 Flash 制作的，在 Web 浏览器中播放 Flash 动画需要安装 Flash 播放插件。

4. 音频

音频是多媒体网页重要的组成部分。在为网页添加声音效果时应充分考虑其格式、文件大小、品质和用途等因素。另外，不同的浏览器对声音文件的处理方法也有所不同，它们彼此之间有可能并不兼容。用于网络的音频文件的格式种类有很多，常用的有 MP3、MIDI、WAV 等。

5. 视频

随着网络带宽的增加，越来越多的视频文件被应用到网页中，使得网页效果更加精彩且富有动感。常见的视频文件格式有 MP4 和 FLV 等。

1.2.3　网页的结构类型

从页面结构的角度上看，网页主要由导航栏、栏目及正文内容三大要素组成。网页结构的创建、网页内容布局的规划实际也是围绕这三大组成要素展开的。

1. 导航栏

导航栏是构成网页的重要元素之一，是网站频道入口的集合区域，相当于网站的菜单，如图 1-12 所示。

图 1-12　导航栏

2. 栏目

栏目是指网页中存放相同性质内容的区域。在对页面内容进行布局时，把性质相同的内容安排在网页的相同区域，可以帮助用户快速获取所需信息，对网站内容起到非常好的导航作用，如图 1-12 所示。

3. 正文内容

正文内容是指页面中的主体内容。例如一个文章类页面，正文内容就是文章本身；而对于展示产品的网站，正文内容就是产品信息，如图 1-12 所示。

1.3 网页编写语言与制作工具

网页编写语言有很多种,其中 HTML 是最基础的网页设计语言,虽然后面制作网页时用得不多,但需要了解其基础知识。

1.3.1 网页设计语言基础

网页的设计语言主要是 HTML,它是网页设计人员必须掌握的基本知识,也是网页设计和制作的基础。HTML 的原文件是纯文本文件,可以用任何文本编辑器,如 UNIX 中的 VI、DOS 中的 EDIT、Windows 中的 txt 等。

1. HTML 简介

HTML(Hypertext Markup Language)又称为超文本标记语言,不像其他语言一样被编译为指令,而只是提供一些语法标签,再由浏览器解释生成相应的页面。

举一个简单的 HTML 的例子,该程序段的作用是在一个标题为"测试一"的页面中显示一句话——"编写入门!",这段程序在浏览器中显示的结果如图 1-13 所示。

图 1-13 简单 HTML 的显示效果

2. HTML 文档基本结构

HTML 文档的构成是非常简单的,它主要包括文件头(开头和结尾)、表头和主体 3 个部分。如图 1-14 所示的实例给出了一个基本的 HTML 文档。其中,<html>和</html>为文件的开头和结尾;表头是指<head>和</head>,用来定义文档的属性和文档的标题;主体部分放在<body>和</body>之间,用来表示网页文字、图像、表格等内容。

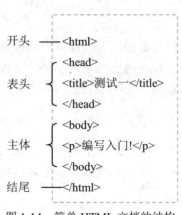

图 1-14 简单 HTML 文档的结构

3. 常用页面标签

前面的例子仅是一个非常基本的 HTML 文

档，而在页面布局中往往需要产生各种各样的效果，这就要使用到不同的 HTML 标签。

实例 1　不同子标题的显示效果

本例中设定了 6 个子标题的格式，对前 4 个标题的位置做了特殊的规定：标题一和标题二居左，标题三、标题四居右，标题五居中，标题六位置没有做特殊规定，按照默认值将居左。程序执行结果如图 1-15 所示。

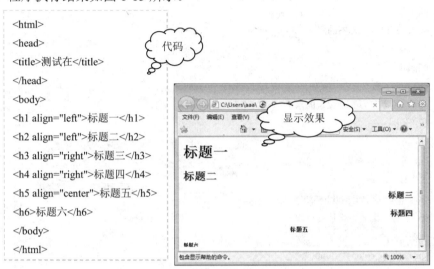

图 1-15　不同子标题的显示效果

实例 2　段落和换行标签的显示效果

本例显示<p>和
标签的用法，在代码中，设定一个段落采用标签<p>，而在段落内部的语句之间换行则采用标签
。显示结果如图 1-16 所示。

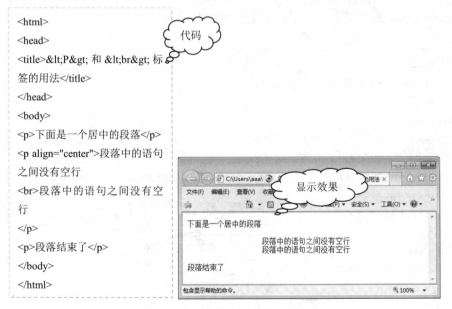

图 1-16　段落和换行标签的显示效果

实例3 标签的用法

标签的用法通过几种不同的水平线显示,它们在宽度、长度、颜色、位置等方面分别有所不同。水平线的颜色设定可以采用十六进制数,也可以直接输入对应的英文,如红色的水平线,可以设定为 color=red 或者 color=#ff0000,如图 1-17 所示。

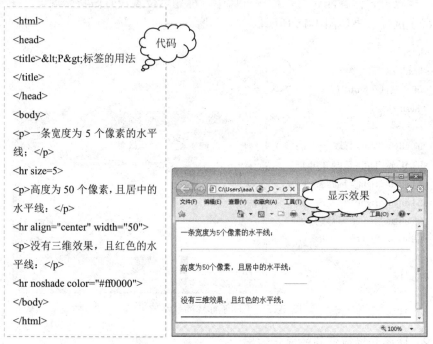

图 1-17 标签的用法的显示效果

实例4 \<pre\>标签的用法

\<pre\>和\</pre\>标签显示的例子,效果如图 1-18 所示。

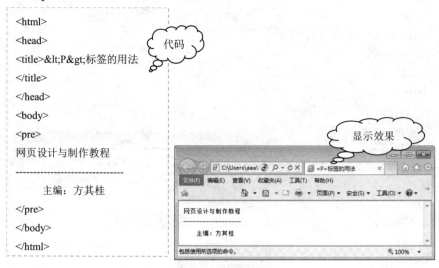

图 1-18 \<pre\>原文标签的显示效果

4. 页面布局综合实例

经过前面的学习，读者对基本页面布局已经有了一个初步的了解，下面通过一个综合实例来运用<hr>、<hn>、
、<p>、<pre>等标签，如图 1-19 所示。

代码

```
<html>
<head>
<title>古诗欣赏</title>
</head>
<body>
<h2 align="center">
古诗欣赏</h2>
<hr width="90%" color="#ffff00">
<palign="center">《青玉案》</p>
<palign="center">辛弃疾</p>
<p>   东风夜放花千树。更吹
落，星如雨。宝马雕车香满路。凤箫声动，玉壶光转，
一夜鱼龙舞。
<br>   蛾儿雪柳黄金缕，笑语
盈盈暗香去。众里寻他千百度，蓦然回首，那人却在，
灯火阑珊处。
</p>
<hr width="80%" align="left">
<pre>
  "百度"二字源于中国宋朝词人辛弃疾的《青玉
案·元夕》词句"众里寻他千百度"，象征着百度对中
文信息检索技术的执着追求。
</pre>
</body>
</html>
```

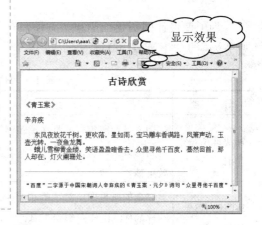

显示效果

图 1-19　网页布局显示效果

5. HTML 扮演的角色

HTML 是 Internet 上用于设计网页的主要语言。网页包括动画、多媒体、图形等各种复杂的元素，其基础架构都是 HTML。

如图 1-20 所示，网页中包括了动画、图片、输入、查询模块等复杂元素，从浏览器菜单中选择"查看"→"源文件"命令，在打开的记事本中可以看到网页的源代码。该网页的基础架构是 HTML。

图 1-20　HTML 网页与代码

HTML 是一种标记语言,它只能建议浏览器以什么方式或结构显示网页内容,这不同于程序设计语言。因此,HTML 比较好学,初学者只要掌握 HTML 的一些常用标记即可。

6. HTML 编辑环境

HTML 代码既可以在记事本中编写,也可以在其他任何文本编辑器中编写,用来制作网页,如写字板、Word、WPS 等编辑程序,但在保存时要保存为.html 或.htm 格式。

网页文件不仅可以用 IE 浏览器查看,也可以用其他浏览器查看,HTML 具有跨平台性。只有通过浏览器才可以对 HTML 文档进行相应的解析。

7. HTML 开发工具

为了使设计网页更加简单、方便,有些公司和人员设计了专用的 HTML 开发工具,主要分为三大类,如表 1-1 所示。

表 1-1　HTML 开发工具比较

分　　类	介　　绍	代 表 工 具	不　　足
所见即所得工具	所谓所见即所得,就是在编辑网页时看到的效果,与使用浏览器时看到的效果基本一致	Drumbeat、NetobjectFusion	容易产生废代码
HTML 代码编辑工具	与完全的所见即所得工具相对应,用纯粹的HTML代码编辑工具,用户可以对页面进行完全的控制	记事本等一些代码编译器	用户必须掌握 HTML
混合型工具	介于上面两种工具之间,混合型工具在所见即所得的工作环境下可以完成主要的工作,同时也能切换到一个文本编辑器	Adobe Dreamweaver、FrontPage、CutePager、QuickSiteaver	通常不能完全控制HTML页的代码,也容易产生废代码

1.3.2　网页制作工具

用于网页制作的软件有很多，以下列举的是一些常用的网页制作工具软件，选择适合的网页制作软件有时会事半功倍。

1. Dreamweaver 软件

Adobe Dreamweaver(DW，梦想编织者)是针对专业网页设计师特别开发的视觉化网页开发工具，利用它可以轻而易举地制作出跨越平台限制和浏览器限制的充满动感的网页。

Dreamweaver是所见即所得网页编辑器，操作容易，如果操作改变网页位置或档案名称，Dreamweaver会自动更新所有链接。使用HTML代码、HTML属性标签和一般语法的搜寻及置换功能使得复杂的网站更新变得迅速又简单，很适合初学者学习使用。

2. FrontPage 软件

FrontPage是微软公司出品的一款网页制作入门级软件，其特点是所见即所得，使用方便简单，该软件结合了设计、程序代码、预览 3 种模式。FrontPage还允许设定数据库的交互功能，利用该功能，用户可以设置让指定的访问者通过浏览器来编辑数据库中的记录，或者在数据库中新增记录、查看已有的资料等。

使用 FrontPage 制作网页，能真正体会到"功能强大，简单易用"的含义。页面制作由 FrontPage 中的 Editor 完成，其工作窗口由 3 个标签页组成，分别是"所见即所得"的编辑页、HTML 代码编辑页和预览页。FrontPage 带有图形和 GIF 动画编辑器，支持 CGI 和 CSS。向导和模板都能使初学者在编辑网页时感到更加方便。

3. 记事本

"记事本"软件相当常见，其存储文件的扩展名为.txt，文件属性没有任何格式标签或者风格，所以相当适合纯文本编辑。一般来说，使用记事本可以很方便地使用代码编辑方式编辑网页，只是在保存时需另存为对应网页格式的扩展名，而再次打开网页文件时，一定要选择打开方式，让网页文件用"记事本"软件打开，即可再次编辑。

记事本仅适合高级用户，因为在其里面的内容没有任何可视化的操作可直接制作网页，而只有编写各种 HTML 代码、CSS 代码、JS 代码和动态脚本才能制作出网页。

1.3.3　网页美化工具

网页制作最重要的一项工作是让页面美观，通过以下专业的网页美化工具软件，可以让所制作的网页赏心悦目。

1. Fireworks 软件

Fireworks 是一款专为网络图形设计的图形编辑软件，它大大简化了网络图形设计的工作难度，无论是专业设计者还是业余爱好者，使用 Fireworks 不仅可以轻松地制作出非常动感的 GIF 动画，还可以轻易地完成大图切割、动态按钮、动态翻转图等的制作。Fireworks 软件主要用于制作网页图像、网站标志、GIF 动画、图像按钮和导航条等。

2. Photoshop 软件

Photoshop 是一款优秀而强大的图形图像处理软件，可以对图像做各种变换，如放大、缩小、旋转、倾斜、镜像、透视等；也可以进行复制、去除斑点、修补、修饰图像的残损等操作。此外，它具有的强大功能已经完全涵盖了网页设计的需要。

3. Flash 软件

Flash 是一款动画制作软件，主要用于制作矢量动画，如广告条、网站片头动画、动画短片等。网页设计者使用 Flash 软件不仅可以创作出既漂亮又能改变尺寸的导航界面及其他奇特的效果，还可以制作交互性很强的游戏、网页和课件等。

4. CorelDRAW 软件

CorelDRAW 是 Corel 公司出品的矢量图形制作工具软件，该图形工具给设计者提供了矢量动画、页面设计、网站制作、位图编辑和网页动画等多种功能，可用于矢量图及页面设计，以及图像编辑。使用 CorelDRAW 软件可以制作简报、彩页、手册、产品包装、标识、网页等。

5. Adobe Illustrator 软件

Adobe Illustrator 是一种应用于出版、多媒体和在线图像的工业标准矢量插画的软件。作为一款非常好的图片处理工具，Adobe Illustrator 广泛应用于印刷出版、海报书籍排版、专业插画、多媒体图像处理和互联网页面的制作等，并可以提供较高的精度和控制，适合任何小型设计到大型的复杂项目。

1.4 网页设计的基本流程

网页是一种新型的公众媒体，具有成本低、信息量大、传递信息快的优势。网页的设计就是将自己的信息制作成可以放在网站上被浏览的网页的过程。在设计时，进行有针对性的、艺术性的设计，能够制作出效果很好的网页。

1.4.1 规划网页

网页在设计建设时，需要进行内容定位、域名注册、空间租用、上传等工作。在网页设计的学习中，需要了解网页、网站建设的一些流程与概念。在规划时，往往不仅考虑单个网页，而是从整体考虑需求。因而，规划网页最终还是在规划网站。

1. 主题定位

网页的定位就是确定网站的形式。网站是一种新式媒体，在日常生活、商业活动、娱乐资讯、新闻媒体等方面有着广泛的应用。在网站开发之前，首先需要认识各种网站的主要特点，对网站进行定位。常用的网站主要有以下几种。

(1) 综合门户类网站

综合门户类网站是网络中使用最多的网站，主要特点是功能强大、内容丰富、信息齐全，网站有着强大的管理功能与美观的页面。例如，新浪、搜狐、网易这类网站的开发是一个庞大的项目，需要专业的开发团队来完成。

(2) 新闻资讯网站

新闻资讯网站是一种可以发布大量新闻与图片内容的网站，用户可以方便地查看这些新闻资源的内容。这类网站的主要开发内容是网站的美术设计与网站内容的管理功能，如人民网、新华网等。

(3) 公司宣传网站

公司宣传网站是开发工作中最常见的网站类型。企业借助于网站推广企业形象、树立企业品牌、发布企业产品，这类网站主要是对企业产品与企业服务进行发布。企业网站的设计重点是内容网页和企业产品的发布管理功能，如腾讯、联想等。

(4) 娱乐网站

娱乐网站是一种很常用的网站形式，通常是明星资讯、娱乐新闻、音乐影视等内容。娱乐网站的设计非常灵活，可以使用各种个性化的色彩和布局，如新浪娱乐、E 视网等。

(5) 电子商务网站

电子商务网站是一种常见的网站形式，也是一种重要的应用形式，其内容主要是产品、广告、购物、市场推广等，如易趣网、淘宝网等。电子商务网站的设计重点是网站的产品管理功能和用户的交互功能，页面需要制作得美观大方。

(6) 政府与公益组织网站

政府和一些民间组织可以借助网站进行相关的宣传或者开展一些活动。现在有越来越多的政府和民间组织开发自己的网站，如中国网、教育部网站、希望工程等。

(7) 电子邮件网站

电子邮件是网站的一个重要应用，有很多门户网站提供电子邮件的功能，也有很多企业网站与服务器架设有电子邮件服务器与网站。电子邮件网站需要使用专门的电子邮件软件，在网站中需要设计的只有用户登录界面和用户管理界面，如网易电子邮件、139 电子邮件。

(8) 网址导航类网站

网址导航类网站是一种分类的网站类型，其内容是将一些常用的网站链接整理到一个网站上，方便用户查找。很多网站也具有一定的网址导航功能。网址导航类网站的开发重点是网站链接与分类的管理，如网址之间、265 上网导航等。

(9) 下载网站

下载网站可以方便地为用户提供各种资料的下载，如天空软件、非凡软件等网站可以为用户提供软件、歌曲、影视、图书等内容的下载。下载网站的开发重点是资料的管理与分类。

(10) 搜索引擎网站

搜索引擎网站是为用户提供内容搜索的网站，如百度、雅虎等。在网站开发工作中，常需要开发具有一定搜索功能的网站。网站中的搜索功能可以对产品、企业数据等内容进行管理。搜索引擎网站的主要内容是实现网站的搜索功能与内容管理功能。数据库是网站的设计重点。

2. 网站功能确定

在网站定位之后，要明确网站的主要功能，下面以一个招聘求职网站为例进行说明。招聘求职网站的功能，应该围绕招聘与求职来进行，针对的对象分别是企业与会员，这两个方面都需要通过编号设计出强大的功能。

在招聘功能上，企业通过注册成为企业会员，登录以后，可以发布企业招聘信息、查看会员的求职情况、设置企业的资料等内容。

在个人会员功能上，求职者通过注册成为网站的个人会员，个人会员登录以后，可以查看企业发布的招聘信息、向需要招聘的单位发送个人简历、管理自己的简历等。

网站还需要公告发布、招聘会发布、网站新闻等内容。在不同功能板块之间存在着一定的逻辑关系。网站的数据关系如图 1-21 所示。

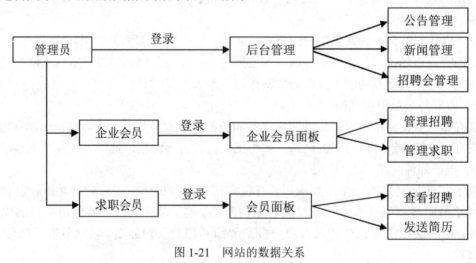

图 1-21　网站的数据关系

3. 网站标志设计

网站标志设计包括 Logo 与 Banner。Logo 主要是互联网上各个网站用来与其他网站链接的图形标志，Banner 是网络广告的主要形式，一般是使用 GIF 格式的图像文件，可以使用静态图形，也可用多帧图像拼接为动画图像。

(1) 设计 Logo

网站的 Logo 是一个网站的标志，在各种场合都需要使用到网站的 Logo，一个网站需要设计出一个有创意的 Logo 作为网站的品牌标识。如图 1-22 所示为央视网的 Logo。

图 1-22　央视网的 Logo

网站的 Logo 首先要突出网站的功能，让用户一看到这个 Logo 就可以联想到网站求职招聘的功能。其次网站的 Logo 需要有鲜明的色彩与内容，使其在众多 Logo 链接中能够吸引用户的注意并单击这个 Logo 链接。

(2) 设计 Banner

网站所有的广告中，首页的广告是最主要的，需要美观大方，因此网站中的 Banner 需要体现出"眼球效应"，可以做成动画的形式，以动态的效果吸引用户的注意力；如果是静态图片则需要使用鲜明的颜色与内容。如图 1-23 所示为央视网的 Banner。

图 1-23　央视网的 Banner

4. 网站数据结构规划

一般新闻网站中的数据内容比较简单，有个人会员、管理员、网站新闻等数据内容，这些数据有很强的逻辑关系。新闻网站的数据关系如图 1-24 所示。

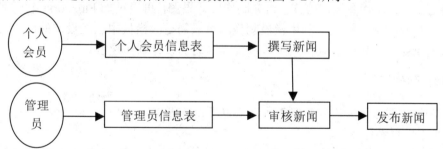

图 1-24　新闻网站的数据关系

5. 网站整体规划

在创建网站之前需对网站进行整体规划和设计，写好网站项目设计书，在以后的制作中按照这些规划和设计进行即可。网站的整体规划需要从网站内容、网页美术效果和网站程序的构思 3 个方面进行。

- 网站内容：在进行网站开发之前，需要构思网站的内容，明确需要突出哪些主要内容。例如个人网站，可以有个人文章、活动、照片、作品、联系方式等内容，而且要明确哪些是主要内容和需要在网站中突出制作的重点。

- 网页美术效果：网页美术效果往往决定一个网站的档次，网站需要有美观大方的版面，可以根据个人的喜好、页面内容等设计出自己喜欢的页面效果。
- 网站程序的构思：即网站的功能需要由什么样的程序来实现，如果是很简单的个人主页，则不需要经常更新。

6. 收集资料与素材

网站的设计需要相关的资料和素材，有了丰富的内容才可以丰富网站的版面。整理好资料后还需要对资料进行筛选和编辑。

- 图片：可以使用相机拍摄相关图片，可以使用扫描仪将已有照片输入计算机。一些常见图片可以在网站上搜索或下载。
- 文档：收集和整理现有的文件、广告、电子表格等内容。对纸制文件需要输入计算机形成电子文档。文字类的资料需要进行整理和分析。
- 媒体内容：收集和整理现有的录音、视频等资料。这些资料可以作为网站的多媒体内容。

7. 设计网站页面

确定网站的基本内容与思路后，即可设计网站页面了。网站网页设计包括首页的设计与内容的设计。

首页设计要规划以下内容：网页 Logo 的大小与样式、网页 Banner 的大小与样式、网页各个模块搭配、网页中导航条的位置与样式、网页中其他链接的位置与格式、网页各个模块的版式等。

内容的设计重点是网页的制作。网页的制作有"切图输出"到网页与"模板制作"到网页两种方式。使用切图输出方式，可先制作好效果图，再经过如 Fireworks 软件对其进行切片，最后保存为网页格式。利用模板制作网页只需更改模板中已经设定的内容，即可完成新网页的制作，使用模板制作网页可以提高网站的设计制作速度。

8. 网页制作

网页制作一般分为静态网页制作和动态网页制作两类。

(1) 静态网页制作

用 HTML 编写的网页通常称为静态页面，一般以.htm、.html 等为扩展名。在 HTML 的网页上，也可以展示各种动态效果。

(2) 动态网页制作

动态网页是与静态网页相对应的，之所以叫作动态网页，是因为能与后台数据库进行交互、数据传递，从而实现数据的实时更新，这是静态网页所做不到的。动态网页是用 PHP、ASP、.NET 等网络编程语言编写的网页。动态网页的后缀名有.asp、.php 等。

1.4.2　网页的测试

网页完成设计与制作后，还需要测试网页能否正确被浏览、有无错误、内容显示是否完整等，是针对网页的各项性能情况的一项检测工作。它与软件测试有一定的区别，其除了要求外观的一致性以外，还要求在各个浏览器下的兼容性，以及在不同环境下的显示差异。

1. 性能测试

(1) 连接速度测试
用户连接到电子商务网的速度与上网方式有关，有的用光纤上网，有的用无线上网。
(2) 负载测试
负载测试是指在某一负载级别下，检测电子商务系统的实际性能，也就是能允许多少个用户同时在线。可以通过相应的软件在一台客户机上模拟多个用户来测试负载。
(3) 压力测试
压力测试是测试系统的限制和故障恢复能力，也就是测试电子商务系统会不会崩溃。

2. 安全性测试

它需要针对网站的安全性(如服务器安全、脚本安全)进行可能有的漏洞测试、攻击性测试、错误性测试等。对电子商务的客户服务器应用程序、数据、服务器、网络、防火墙等进行测试，用相对应的软件进行测试。

3. 基本测试

基本测试包括色彩的搭配、连接的正确性、导航的方便和正确、CSS 应用的统一性等。

4. 网站优化测试

好的网页是看它是否经过搜索引擎优化，以及网站的架构、网页的栏目与静态情况等。

1.4.3　网页的上传和发布

建站首先要申请域名，再申请服务器空间，然后规划站点、创建与管理站点等。

1. 申请网站域名

一个网站必须有一个世界范围内唯一可访问的名称，且这个名称还可方便地书写和记忆，这个就是网站的域名。从网络体系结构上来讲，域名是域名管理系统进行全球统一管理的、用来映射主机 IP 地址的一种主机命名方式。申请域名的步骤如下。
(1) 查找域名注册
选择域名注册时，注册与资费都在网上完成。注册域名时，需要找到服务较好的域名代理商进行注册，可以在搜索引擎上查找到域名代理商。

(2) 选择一个域名服务

在网站上注册一个用户名,进行域名注册和购买服务器空间时,需要用户登录。为了便于以后的业务联系,在域名注册时,需要填写正确的资料。

用已经注册的用户名登录,登录成功以后,将进入用户控制面板。在用户控制的首页中可以显示用户的账户情况。

(3) 查找可以注册的域名

用户在网站首页的域名查询文本框中可输入需要查找的域名进行查找。例如,要查找一个域名,在复选框中选择这个域名即可。

(4) 注册域名

在查找域名的结果中选择所需要的域名,单击"注册"按钮,将进入域名注册网页。在域名注册的表格中填写域名的注册资料。这些域名的注册资料可用于域名续费等其他业务,需要填写准确的注册信息。填写完成后提交这个域名的注册信息。

域名资料提交成功以后,该域名即注册完成。还需要按照网络公司的方式交费。

2. 申请服务器空间

一个网站直接放在独立的服务器上是不实际的,实现方法是在商用服务器上租用一块服务空间,每年定期支付较少的服务器租用费即可把自己的网站放在服务器上运行。租用的服务器空间,用户只需要管理和更新自己的网站,服务器维护和管理则由网络公司完成。服务器空间的注册步骤如下。

(1) 选择虚拟主机类型

在网络公司的网站上登录已经注册的用户名。登录成功后,在虚拟主机选择网页中,选择需要购买的虚拟主机类型,如购买一个 100MB 的 ASP 虚拟主机空间。

(2) 填写注册资料

在空间注册面板中,填写需要注册的资料。这些注册资料可能用于以后的业务联系,需要填写正确的用户资料。

提交注册后,按照网页的提示交费,可以使用在线支付、ATM 机刷卡、银行转账等方式进行支付。交费以后,联系网络公司确认开通服务。

(3) 管理网站空间

进入网站主机管理面板,选择需要管理的网站空间。

在网站空间的管理面板中,可以对网站空间进行配置。网站空间需要绑定网站域名及设置 FTP 账户和密码,经过设置后,即可在网站空间中上传网站和使用网站域名访问该网站。

3. 发布与上传

网页完成设计以后,需要上传到租用的服务器空间中才能被用户访问。网页的发布就是把自己计算机中的网页内容发布到网络服务器空间的过程。

(1) 网页上传

上传网页需要使用 FTP 软件,可使用 FTP 客户端软件把设计好的网页传到租用的网络空间中。

(2) FTP 服务器连接

在 FTP 服务器地址栏中输入服务器地址，并在用户名和密码文本框中输入申请到的服务器空间的用户名和密码，即可连接到服务器的空间上。

(3) 上传与下载文件

在网络上传中，左边表示本地文件，右边表示服务器上的文件。右击本地的文件或文件夹，选择"上传"命令，即可把文件上传到服务器。同样，右击服务器上的文件，再选择"下载"命令，可以把服务器上的文件下载到本地计算机。

1.5　小结和习题

1.5.1　本章小结

本章主要介绍了网页与网站的基础知识，具体包括以下主要内容。

- **网页与网站知识**：详细介绍了网页与网站的一些概念、网页特点与网站的分类，介绍了网站的特征。
- **网页的组成结构**：介绍了网页的页面结构、网页基本组成元素，并就常见的静态和动态网页进行分别介绍。
- **网页编写语言**：介绍了 HTML 基本知识，并通过一组实例讲解 HTML 简单的编写过程。同时，介绍了 CSS 代码片段、JavaScript 代码片段，以及常用的网页制作与美化工具。
- **网页设计流程**：详细介绍了网页设计制作的过程，从绘制页面草图到制作网页，从测试网页到上传发布网页等。

1.5.2　强化练习

一、选择题

1. 能被绝大多数浏览器完全支持的图像格式为(　　　)。
   A. gif 和 jpeg　　　　　B. gif 和 png　　　　　C. jpeg 和 png　　　　　D. png 和 bmp
2. 在 CSS 选择器中表示鼠标移上状态的样式是(　　　)。
   A. a：link　　　　　B. a：hover　　　　　C. a：active　　　　　D. a：visited
3. 下列说法正确的是(　　　)。
   A. 创建网页前必须先创建站点　　　　　B. 创建网页就是创建站点
   C. 创建网页也可以不必创建站点　　　　D. 网页和站点都是文件
4. 下列软件中不能编辑 HTML 的是(　　　)。
   A. 记事本　　　　　B. FrontPage　　　　　C. Word　　　　　D. C 语言

5. 当光标停留在超链接上时会出现的标记定义的文字是( )。

    A. title   B. href   C. table   D. word

二、判断题

1. 使用模板能够做到使众网页风格一致、结构统一。   ( )
2. 基于模板的文件只能在模板保存时得到更新。   ( )
3. 在网页的源代码中表示段落的标记是<p></p>。   ( )
4. 某个网页中使用了库以后，只能更新不能分离。   ( )
5. 获取网站空间的方法有申请免费主页、申请付费空间、自己架设服务器。 ( )

三、问答题

1. 简述网页特点。
2. 简述网站的特征。
3. 请使用 HTML 写一段古诗代码。
4. 简述 CSS 语言在网页设计中的作用。
5. 请规划设计一个企业网站的开发流程。

第 2 章

初识网页制作软件

Dreamweaver是一款常用的网页设计软件，它集网页制作、网站开发、站点管理于一身，具有易学、易用的特点，用户无须手写代码，即使是初学者也可以轻松地创建各种动态效果，快速制作出极具表现力的网页。

本章从 Dreamweaver CC 2018 的操作界面入手，主要介绍站点的创建与管理、网页的新建保存与属性设置、外部参数设置等基础知识。

本章内容：

- Dreamweaver 工作环境
- 创建管理站点
- Dreamweaver 基本操作

2.1 Dreamweaver 工作环境

Dreamweaver CC 2018 在操作方法、界面风格等方面突出人性化设计，能够进行多项任务工作，使用者可以根据个人喜好和工作方式，重新排列面板和面板组，自定义工作区。熟悉软件的工作环境，可以使操作更加得心应手。

2.1.1 认识界面

Dreamweaver CC 2018 的使用界面主要包括菜单栏、工具栏、文档窗口、状态栏、属性面板和功能面板组等，如图 2-1 所示。

图 2-1　Dreamweaver CC 2018 的工作界面

1. 菜单栏

菜单栏包括"文件""编辑"等 9 个菜单，单击任一菜单，可以打开其子菜单。Dreamweaver 的大多数操作命令都包含在内。

2. 工具栏

工具栏中默认的有"打开文档""文件管理""实时视图""格式化源码"等常用工具。单击工具栏中的自定义工具栏图标 •••，可以根据自己的习惯自定义工具栏。

3. 文档窗口

文档窗口会显示当前打开或编辑的文档，可以选择"代码""拆分"或"设计"视图。窗口顶部选项卡显示的是当前编辑的文档的文件名。当有多个文档被打开时，可以通过选项卡在文档间进行切换。

4. 状态栏

状态栏显示当前文档的有关信息，如页面大小、下载页面的大小和速度等。

5. 功能面板组

功能面板组包括当前打开的各种功能面板，可以折叠或移动。

2.1.2　调整界面

Dreamweaver CC 2018 预设的界面有"标准"和"开发人员"页面，默认的是"标准"页面。在网站制作过程中，可通过菜单栏的"窗口"，对工作页面的功能模块进行删减，自定义工作界面后，可以在"标准"下拉菜单中，选择保存当前设置或直接新建一个预设。

1. 显示/隐藏面板

使用 F4 键，可以显示或隐藏包括"属性"面板在内的所有面板。利用"窗口"菜单可以打开所有面板，面板名称前有 ✔ 标记的，表示该面板已打开。

2. 移动面板

拖动面板标签或是拖动面板组的标题栏，可以移动面板或面板组。移动时，看到蓝色显示的区域，表示可以在该区域内移动和放置。如果拖动到的区域不是放置区域，则被移动的面板或面板组将在窗口中浮动，如图 2-2 所示的"属性"面板。

图 2-2　浮动的"属性"面板

3. 关闭面板

单击面板或面板组的 ▤ 按钮，在打开的菜单中选择"关闭"或"关闭标签组"命令，如图 2-3 所示。

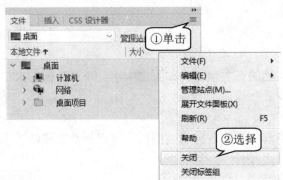

图 2-3   关闭"文件"面板

2.1.3   选择视图模式

Dreamweaver CC 2018 的视图模式默认为"拆分"视图，可以通过视图按钮进行切换。

1. 代码视图

代码视图是用于编辑 HTML、JavaScript 等代码的手工编码环境，如图 2-4 所示。对于代码使用熟练的操作者，可以直接在此视图中输入代码，实现网页的编辑制作。

图 2-4   代码视图

2. 拆分视图

如图 2-5 所示，拆分视图文档窗口分为上下部分，分别显示"设计"和"代码"两个视图，适合初学者对比查看。

图 2-5　拆分视图

3. 设计视图

设计视图用于可视化页面布局、内容编辑和应用程序开发的编辑环境，如图 2-6 所示。视图中显示的文档形式与浏览器中查看的页面内容基本一致，甚至可以在编辑时显示动态内容。使用者即使没有任何 HTML 基础，也可以轻松实现网页的编辑制作。

4. 实时视图

在 Dreamweaver 工作区内，使用实时视图可以实时查看网页的外观，预览网页效果，但不能对网页进行编辑，如图 2-7 所示。切换到"实时视图"后，"设计视图"被冻结，使用者只能通过"代码视图"编辑网页。

图 2-6　设计视图

图 2-7　实时视图

2.2 创建管理站点

站点是网站中使用的所有文件和资源的合集，由文件和文件所属的文件夹组成。Dreamweaver可以帮助使用者在计算机的磁盘中建立本地站点，通过站点来管理文件、设置网站结构，并在完成所有文件的编辑之后，将本地站点上传到Internet。

2.2.1 规划站点

创建站点之前，应当对站点的目标、结构、内容、导航机制、风格等内容进行合理的规划。有效的规划设计会为后期站点的制作和管理带来便捷，以避免盲目设计。

1. 明确站点目标

站点目标要根据网站主题来确定。例如，公益性宣传网站和购物平台网站，两者的主题截然不同，在规划站点时，设计者要根据网站面向的用户及网站要实现的功能，准确地定位站点目标，目标对站点设计起到导向的作用。

2. 站点结构的规划

站点包含的文件数量众多，为了便于管理，应对文件进行分类存放。以文件夹的形式组织文件，可以使站点具有清晰的结构，易于后期的维护和管理。在对文件或文件夹命名时，应尽量使用小写英文名，避免使用中文名称。例如，images文件夹用来存放图像文件，当文件较多时，还可以建立子文件夹，对图像文件进行分类。

3. 站点内容的规划

一个好的站点，必须具备丰富的内容。在规划时，要根据网站主题划分不同的内容板块(如景点、交通、饮食等)，再根据这些板块进一步细化具体内容(包括文本、图像、多媒体素材等)。站点内容的规划，要既方便网站的设计，又能使网站用户便捷地获取信息。

4. 站点的导航机制

导航系统，能够帮助使用者迅速地查找到有用信息。导航可以是标题文字，也可以是图像，但必须具有明确的指示作用。一般在每个页面上，都应该有清晰的导航栏，方便用户返回上一级目录或网站首页。

5. 站点风格的规划

站点风格指的是页面整体形象和风格，必须贴合网站的主题和内容，能够凸显网站的主旨。在制作过程中，可以使用模板来制作风格统一的页面。站点的页面应当具有一定的整体性。

2.2.2 创建站点

Dreamweaver 的站点包括本地站点和远程站点。通过 Dreamweaver 可以实现文件的上传和下载，以及本地站点和远程站点的同步更新。

1. 创建本地站点

本地站点是计算机中用来存放网站文件的场所。创建本地站点之前，应在计算机中建立一个网站文件夹，用来存放站点的所有文件，如 F:\myweb。

实例 1 创建本地站点
在 F 盘创建"我的练习"站点，并保存。

 跟我学

1. **新建文件夹** 在 F 盘新建文件夹 myweb，并在此文件夹内建立子文件夹 images。
2. **新建站点** 选择"站点"→"新建站点"命令，按图 2-8 所示操作，创建"我的练习"站点。

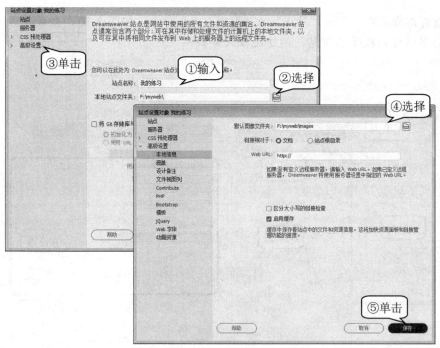

图 2-8 新建"我的练习"站点

3. **查看站点** 在"文件"面板中，可以查看新建的站点及文件夹，如图 2-9 所示。

图 2-9　查看"我的练习"站点

2. 创建远程站点

通过设置远程站点，可以实现本地站点与远程站点的关联，从而进行文件的上传和下载，管理远程服务器上的文件。使用者可以通过 FTP、SFTP、本地/网络等多种方式建立远程站点。

实例 2　创建远程站点

使用 FTP 连接远程服务器，创建"我的练习"站点的远程站点。

 跟我学

1. **设置远程站点**　选择"站点"→"管理站点"命令，按图 2-10 所示操作，使用由服务器运营商提供的信息，创建远程服务器。

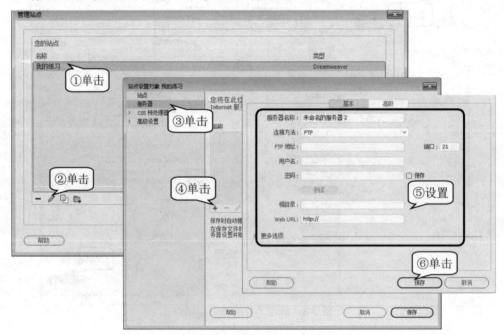

图 2-10　创建远程站点

2. **保存站点**　按图 2-11 所示操作，完成远程站点的创建。

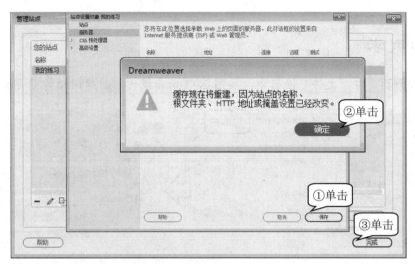

图 2-11　完成远程站点的创建

> FTP 地址、用户名和密码信息，必须从托管服务器的系统管理员处获取，并按管理员提供的形式输入。

2.2.3　管理站点

Dreamweaver可以将本地站点和远程站点统一管理，同步更新，便捷地管理站点中的文件。本地站点与远程站点内的文件管理的操作方法相同。

1. 管理本地站点

管理本地站点分为站点文件管理和站点管理两部分。文件管理包括新建网页和文件夹、移动和复制文件、删除和重命名文件。站点管理包括新建和删除站点、编辑站点等。

实例 3　站点文件管理

在"我的练习"站点内新建 index.html 文件和 book 文件夹，并在 book 文件夹内新建 work.html 文件。如图 2-12 所示是文件管理操作前后的站点。

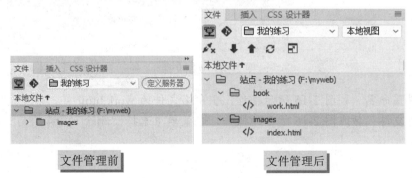

文件管理前　　　　　　　　　　　　　文件管理后

图 2-12　站点文件管理前后

跟我学

1. **新建网页**　在"文件"面板中，按图 2-13 所示操作，新建网站首页 index.html。

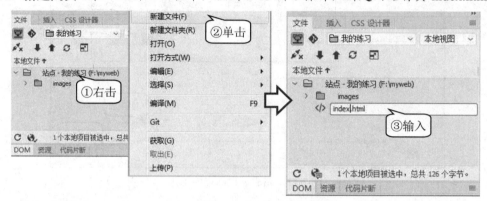

图 2-13　新建网页

2. **新建文件夹**　仿照图 2-13 所示的操作，新建 book 文件夹。

3. **复制文件**　按图 2-14 所示操作，复制 index.html 文件到 book 文件夹中。

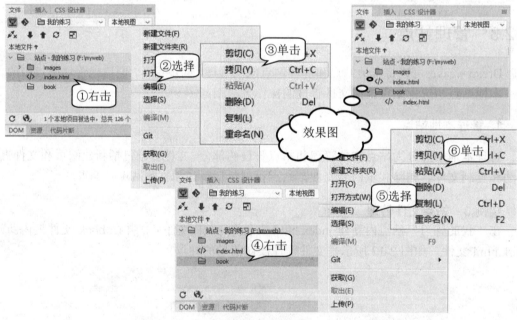

图 2-14　复制文件

4. **文件重命名**　按图 2-15 所示操作，重命名文件为 work.html。

5. **删除文件**　仿照图 2-15 所示的操作，在菜单中选择"删除"命令即可。

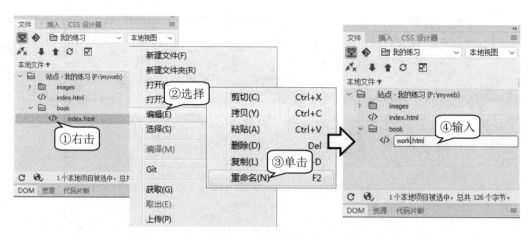

图 2-15　重命名文件

实例 4　管理站点

复制和编辑"我的练习"站点，并将复制后的站点删除。

 跟我学

1. **复制站点**　在"文件"面板中，按图 2-16 所示操作，复制"我的练习"站点。

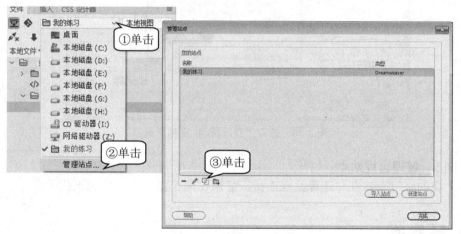

图 2-16　复制"我的练习"站点

2. **编辑站点**　按图 2-17 所示操作，编辑"我的练习"站点的各项设置。

3. **删除站点**　按图 2-18 所示操作，删除"我的练习 复制"站点。

2. 远程站点的管理

当本地站点与服务器连接后，就可以对远程站点进行各项管理操作，如文件的上传与下载、新建与复制等。

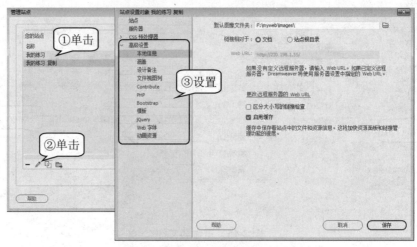

图 2-17　编辑"我的练习"站点

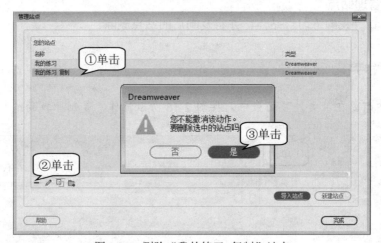

图 2-18　删除"我的练习 复制"站点

实例 5　管理远程站点

将"我的练习"站点与远程站点连接，尝试在两个站点间上传和下载文件。

 跟我学

1. **展开面板**　在"文件"面板中，单击 按钮，将同时显示本地和远程站点，如图 2-19 所示。

2. **连接服务器**　按图 2-20 所示操作，将本地站点与远程服务器连接。

3. **上传和下载**　连接成功后，单击 按钮，将本地站点中的文件上传到远程站点；单击 按钮，将远程站点中的文件下载到本地站点。

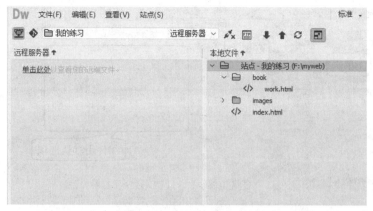

图 2-19　展开"文件"面板

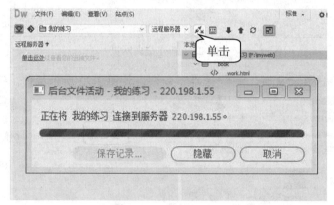

图 2-20　连接服务器

2.3　Dreamweaver 基本操作

　　网页的基本操作是制作每一个网页都要用到的，虽然简单但也是最容易被忽略掉的，初学者更应该掌握好基本的知识才能制作出好网页。

2.3.1　创建和保存网页

　　新建网页一般有两种方式，一种是创建空白 HTML 网页，另一种是使用模板创建带有格式的网页。

实例 6　创建和保存空白网页
在"我的练习"站点中，新建空白网页 novel.html，并保存在 book 文件夹中。

 跟我学

1. **新建网页**　选择"文件"→"新建"命令，按图 2-21 所示操作，新建空白网页。

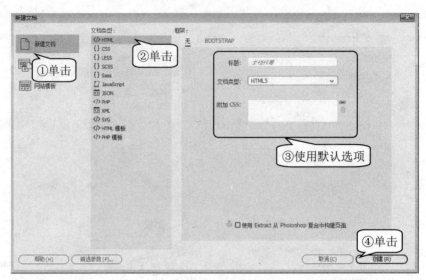

图 2-21　新建空白网页

2. **保存网页**　选择"文件"→"保存"命令，按图 2-22 所示操作，保存网页。

图 2-22　保存网页

2.3.2　预览网页

在网页制作过程中，经常需要在浏览器中查看页面效果，以便进行修改和完善。由于目前广泛使用的浏览器众多，使用者想在多种浏览器中测试效果，就需要进行预览设置。

实例 7　设置预览参数并预览网页

添加 Internet Explorer 浏览器，预览"我的练习"站点中的 index.html 页面。

跟我学

1. **添加浏览器**　选择"编辑"→"首选项"命令，按图 2-23 所示操作，添加 Internet Explorer 浏览器。

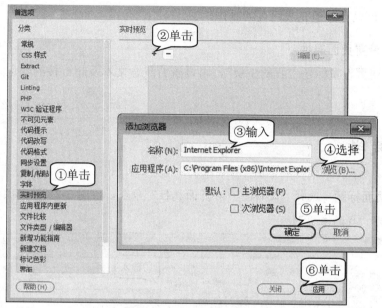

图 2-23　添加 Internet Explorer 浏览器

2. **打开网页**　选择"文件"→"打开"命令，按图 2-24 所示操作，打开 index 网页。

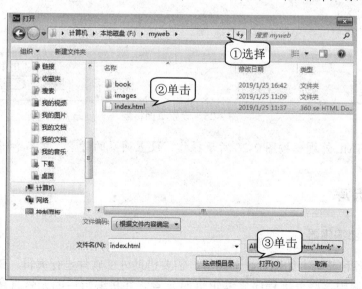

图 2-24　打开 index 网页

3. **预览网页**　选择"文件"→"实时预览"→Internet Explorer 命令，即可使用 Internet

Explorer 浏览器预览 index 网页。

2.3.3 设置页面属性

网页的基本属性包括网页标题、背景颜色和图像、文本格式和超链接格式等,正确地设置页面属性可以更好地完成网页的制作。

实例 8 设置页面属性

为 index 网页设置标题"我的主页",再设置背景、文本及超链接的颜色,即可增加网页的可读性。

 跟我学

1. **设置页面标题** 选择"文件"→"页面属性"命令,按图 2-25 所示操作,设置页面标题为"我的主页"。

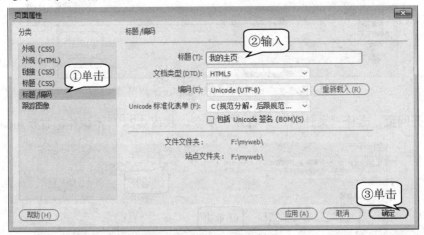

图 2-25 设置页面标题

2. **设置 HTML 外观** 按图 2-26 所示操作,设置网页的背景、文本和链接颜色。

 知识库

1. 设置外部编辑器

网页内的各种元素,如图片、动画等,需要借助外部软件进行编辑。Dreamweaver 能在编辑过程中调用这些外部程序来编辑页面元素,并将编辑后的元素直接应用在页面编辑中。

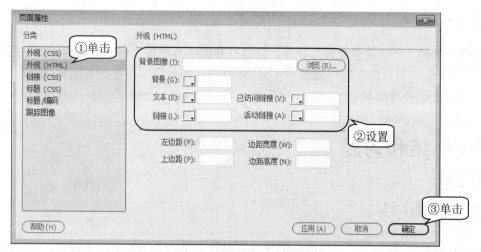

图 2-26　设置 HTML 外观

在 Dreamweaver 中设置外部编辑器的方法：选择"编辑"→"首选项"命令，按图 2-27 所示操作，设置"美图秀秀"软件为.jpg、.jpe、.jpeg 文件的外部编辑器。

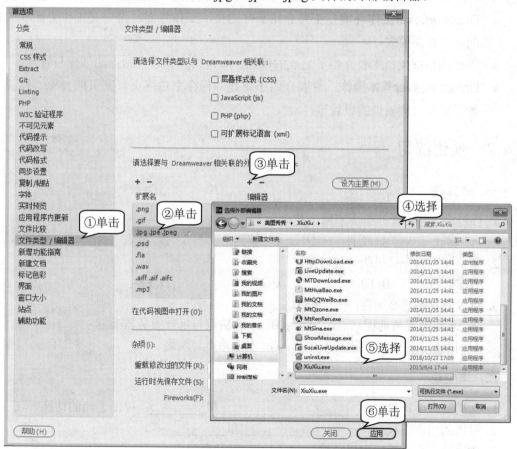

图 2-27　设置"美图秀秀"软件为外部编辑器

2. 文件的保存

选择"文件"→"保存全部"命令,会将打开的所有网页文件进行保存。"保存"的快捷键为 Ctrl+S,"另存为"的快捷键为 Ctrl+Shift+S。网页必须保存在本地站点中,才能正常显示网页中的各项元素。

2.4　小结和习题

2.4.1　本章小结

Dreamweaver 是一款所见即所得的软件,操作简单、易学好用,集网页制作与网站管理功能于一身,可以制作跨平台、跨浏览器限制的各种网页。Dreamweaver 可与 Flash、Photoshop 等多种设计软件完美搭配,在 Dreamweaver 界面内即可使用这些软件进行编辑。本章主要介绍了 Dreamweaver 软件的基本功能,具体包括以下主要内容。

- **Dreamweaver工作环境**:主要介绍了开始页、工作界面、自定义工作界面和软件的基本视图模式。
- **创建网站框架**:主要介绍了站点的规划、本地站点和远程站点的创建与管理。
- **Dreamweaver基本操作**:主要介绍了新建并保存空白网页、网页的预览、网页参数设置及页面属性的设置等。

2.4.2　强化练习

一、选择题

1. Dreamweaver 软件中,不属于菜单的是(　　　)。
   A. 格式　　　　B. 文件　　　　C. 视图　　　　D. 站点
2. 预览网页制作效果的快捷键是(　　　)。
   A. F4　　　　B. F2　　　　C. F12　　　　D. F5
3. 管理远程站点必须将(　　　)连接。
   A. 本地站点与远程站点　　　　B. 本地站点与远程服务器
   C. 远程站点与远程服务器　　　　D. 本地站点与网络

二、填空题

1. 文档窗口中可以实现_____、_____和_____视图之间的切换。
2. 常用的功能面板有_____、_____和_____等。
3. 设置网页超链接,可以通过_____对话框完成。

三、操作题

1. 熟练掌握 Dreamweaver 工作界面各部分的主要功能。
2. 规划个人网站的目录结构。
3. 根据规划创建个人站点，并新建主页文件。

第 3 章

制作网页内容

　　文本、符号、图像、声音、动画及视频等是网页中的内容形式，网页通过其向浏览者展示信息，起到宣传效果。在网页上插入各种类型的素材是制作网页的关键，也是难点所在，我们应根据网站的主题、内容选择合适的素材，并进行适当的加工来制作网页，以取得满意的表达效果。

　　本章包括两个部分：第一部分通过实例，介绍如何在网页中输入文本、符号，插入图像、声音、动画及视频等，掌握网页制作的基本方法；第二部分通过模板的制作、使用与管理，掌握快速制作、更新统一风格网页的方法。

本章内容：

- 输入文本
- 插入图像
- 插入多媒体
- 使用模板快速制作网页

3.1　输入文本

文字、符号是网页技术的核心内容之一，可以传递各种各样的信息，浏览者主要通过文字、符号了解网页的内容。

3.1.1　输入网页文本

在Dreamweaver中输入文字的方式与Word相同，可以直接输入，也可以使用复制、粘贴的方法，在其他应用程序中选择文字，复制到网页中，还可以直接导入Word文档中的文本。

实例 1　计算机的发展
计算机的发展经历了 4 个阶段，制作网页时，要求标题单独一行，其余每个阶段独立成段，效果如图 3-1 所示。

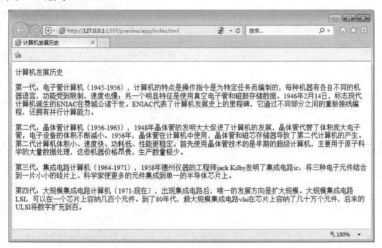

图 3-1　"计算机发展历史"网页效果

在网页中输入文本，需要新建一个网页。一般情况下，需要先创建站点，再新建网页，最后在网页上输入文本。

 跟我学

1. **运行软件**　选择"开始"→"所有程序"→Adobe Dreamweaver CC 2018 命令，运行 Dreamweaver 软件。
2. **新建站点**　选择"站点"→"新建站点"命令，新建"计算机文化"网站的站点。
3. **新建网页**　打开"计算机文化"站点，按图 3-2 所示操作，创建网页文件 Computer history.html。

图 3-2 新建网页

4. **输入标题** 按图 3-3 所示操作，在网页上输入标题文本"计算机发展历史"。

图 3-3 输入标题

5. **输入正文** 按图 3-4 所示操作，输入网页的标题与正文部分。

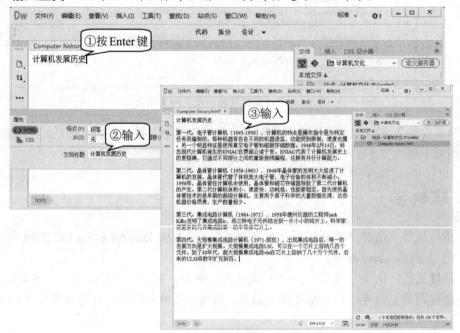

图 3-4 输入正文

文本换行，按 Enter 键换行的行距较大(在代码区生成<p></p>标签)，
按 Enter+Shift 键换行的行间距较小(在代码区生成
标签)。

6. **输入其他文本**　用上面同样的方法，输入其他文本。
7. **查看代码**　单击"代码"按钮，查看网页对应的 HTML 代码，如图 3-5 所示。

图 3-5　查看网页对应的 HTML 代码

8. **保存网页**　选择"文件"→"保存"命令，将输入好的网页保存到计算机中。
9. **浏览网页**　选择"文件"→"实时预览"→Internet Explorer 命令，浏览网页。

 知识库

1. 标题、文本、段落标记

HTML 的核心功能是通过众多的标记实现的，如标题文字、文本文字、字形设置、段落标记等。

- 网页标题标记<title>。例如，<title>计算机的发展</title>。
- 段落标记<p>。例如，<p>计算机的发展</p>。
- 换行标记
，强制换行标记的功能是使页面的文字、图片、表格等信息在下一行显示，而又不会在行与行之间留下空行，即强制文本换行。

2. 输入空格字符

在 Dreamweaver 中，不经过设置，无法直接输入空格字符，可以选择"编辑"→"首选项"命令，在弹出的对话框的左侧分类列表中选择"常规"选项，然后在右边选中"允

许多个连续的空格"选项，就可以直接按"空格"键，输入空格字符。

3.1.2　美化网页文本

文本是网页页面信息的主要载体，如何设计字体、字号、字体的颜色等，直接影响网页文字的呈现效果，并在一定程度上能影响浏览者对于网页信息的关注和阅读兴趣。网页中的文章、段落分明，有层次感，才能方便浏览者阅读。

实例2　春晓

设置网页文本的字体、字号及字体的颜色等格式，可以使用"属性"面板，也可以通过 HTML 语言进行设置，设置效果如图 3-6 所示。

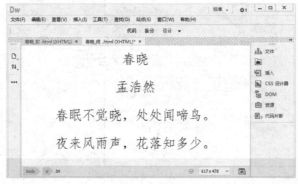

图 3-6　"春晓"网页效果

案例中对古诗《春晓》的格式进行了设置，所有的文本颜色为"红色"，字体为"仿宋"，并将标题的字号设置为"24 磅"，其他文本的字号为"18 磅"。在设置字体时，如果字体列表中没有某字体，需要进行加载，再使用快捷菜单设置标题的对齐方式是"居中对齐"，用 CSS 设置行间距是 150%，在设置行间距时，与 Word 相似，先选中，后设置。

 跟我学

1. **打开文件**　运行 Dreamweaver 软件，打开网页文件"春眠_初.html"。
2. **加载字体**　选择"窗口"→"属性"命令，按图 3-7 所示操作，打开"页面属性"对话框，加载"仿宋"字体。
3. **设置标题字体**　选中标题，按图 3-8 所示操作，设置标题的字体为"仿宋"。
4. **设置标题大小**　选中标题，设置标题大小为"24 磅"。
5. **设置标题颜色**　选中标题，设置标题颜色为"绿色"。
6. **设置其他文本格式**　用上面同样的方法，设置其他文本的格式为"仿宋""18 磅""绿色"。
7. **设置文本对齐**　在标题中单击，按图 3-9 所示操作，设置标题的段落对齐方式为"居中"。

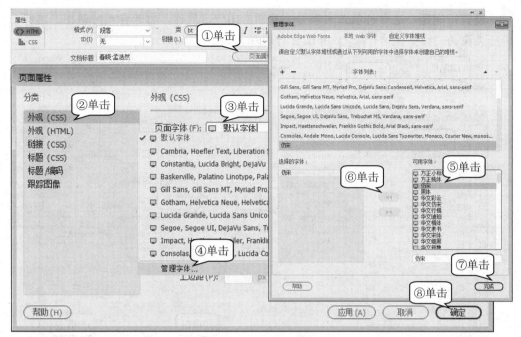

图 3-7　加载字体

图 3-8　设置标题字体

图 3-9　设置标题对齐方式

8. **设置行间距**　选中诗歌正文部分，按图3-10所示操作，打开样式对话框，选择行距类型为"%多少倍行距"，并设置行间距为150%。

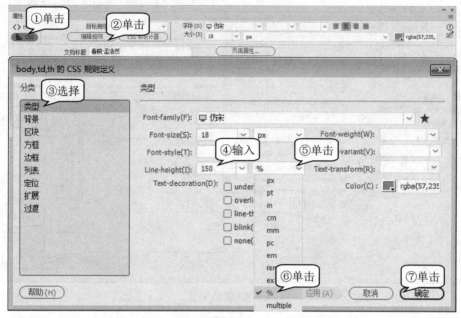

图3-10　选择行距类型

9. **查看代码**　单击"拆分"按钮，查看设置段落的对应代码，如图 3-11 所示。

图3-11　标题居中对齐与150%行距的对应代码

10. **保存预览网页**　按 Ctrl+S 键，保存文件，再选择"文件"→"实时预览"→Internet Explorer 命令，浏览网页。

知识库

1. 通过 HTML 语言设置文本样式

HTML 语言对文本样式的设置主要通过 HTML 的 font 元素来实现，基本格式为<font>文本</font>。

- face 属性：文字的字形属性 face 是用来设定文字的字体(如宋体、黑体等)。其基本格式为<font face=属性值>。
- size 属性：文字的大小属性 size 用来设定文字的字号(属性值从 1 到 7)，文字的字号没有绝对意义上的大小，只是相对于默认字体而言的大或小。其基本格式为<font size=属性值>。
- color 属性：文字的颜色属性 color 是用来设定文字的色彩(属性值可以是英语的颜色单词，也可以是十六进制代码)。其基本格式为<font color=属性值>。

2. 通过代码设置段落格式

段落是一段文本的布局，网页段落的编辑可以通过 HTML 语言来实现。<P>与</P>标记的功能就是用来定义段落，相当于在文本中添加了一个回车符，当两个段落之间间距较大时，就相当于插入一个空白行。

- align 属性用来设定对齐方式(属性值有居中 center，左对齐 left，右对齐 right)。
-
用来定义换行。

3. 标题标记

HTML 语言提供了一系列对文本中的标题进行操作的标记：<h1>…</h1>、<h2>…</h2>、<h3>…</h3>、<h4>…</h4>、<h5>…</h5>、<h6>…</h6>。其中<h1>…</h1>是最大的标题，<h6>…</h6>是最小的标题，在使用标题标记时，会自动给标签文本加粗。标题的大小如图 3-12 所示。选中文本，单击"属性"面板上的 HTML 按钮，选择"格式"中的"标题"，即可设置。

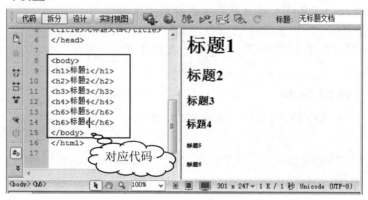

图 3-12　标题标记

3.1.3　插入列表

列表是网页中的重要组成元素之一，分为有序列表与无序列表，无序列表如项目符号，有序列表如编号。在网页制作过程中，通过使用列表标记，可以得到段落清晰、层次清楚的网页。

实例3　校园新闻

当给定的内容没有明显的顺序关系时，可以使用无序列表，如图3-13所示，每项的前面是项目符号，这里使用的是圆点，也可以使用其他符号。

图3-13　"校园新闻"网页效果

在Dreamweaver中，可以先输入内容，再添加项目符号，也可以先选择项目符号再输入内容，本案例中是先选择项目再输入。

 跟我学

1. **打开文件**　运行Dreamweaver软件，打开文件"校园新闻_初.html"。
2. **插入列表**　选择"插入"→HTML→"项目列表"命令，如图3-14所示，在列表符号后输入"信息技术学院召开学生会成立大会"。

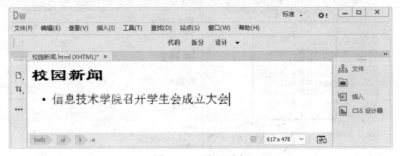

图3-14　项目列表

3. **输入其他内容**　按Enter键，依次输入其他文本内容。
4. **查看代码**　单击窗口上的"代码"按钮，查看代码如图3-15所示。

```
<!DOCTYPE html PUBLIC "-//W3C//DTD XHTML 1.0 Transitional//EN"
"http://www.w3.org/TR/xhtml1/DTD/xhtml1-transitional.dtd">
<html xmlns="http://www.w3.org/1999/xhtml">
<head>
<meta http-equiv="Content-Type" content="text/html; charset=utf-8" />
<title>校园新闻</title>
<style type="text/css">
.x {
    font-size: 24px;
}
</style>
</head>

<body>
<span style="font-weight: bold; font-family: '隶书'; font-size: 36px;">校园新闻</span>
<ul>
  <li class="x">信息技术学院召开学生会成立大会</li>
  <li class="x">信息技术学院文明班级评比结果</li>
  <li class="x">信息技术学院学生辩论赛总决赛</li>
  <li class="x">信息技术学院召开 E 时代新春晚会</li>
</ul>
</body>
</html>
```

对应代码

图 3-15 查看代码

5. **保存预览网页** 选择"文件"→"保存"命令，保存网页，并按 F12 键，查看列表的效果。

知识库

1. 有序列表

在网页设置过程中，可以使用<ol>标记建立有序列表，效果如图 3-16 左图所示；表项的标记为<li>文本</li>，也可通过"插入"→HTML→"编号列表"来建立有序列表。

2. 无序列表

无序列表中每一个表项的最前面是项目符号，如●、■等，效果如图 3-16 右图所示，在页面中通常使用<ul>和<li>标记创建无序列表。可在"属性"面板的"列表选项"中修改项目符号的样式。在网页上可以建立多级项目列表。

校园新闻

1. 信息技术学院召开学生会成立大会
2. 信息技术学院文明班级评比结果
3. 信息技术学院学生辩论赛总决赛
4. 信息技术学院召开E时代新春晚会

校园新闻

· 信息技术学院召开学生会成立大会
· 信息技术学院文明班级评比结果
· 信息技术学院学生辩论赛总决赛
· 信息技术学院召开E时代新春晚会

图 3-16 有序列表与无序列表

3.1.4　插入特殊元素

现在的网站中，不管是个人网站还是企业网站，已经很少有纯文本的网页了。网页中都穿插着除文本以外的其他元素，如换行符、水平线等，使网站更具有吸引力。

实例 4　关雎

除了可以在网页中直接输入文本，还可以插入换行符、水平线及日期等，如图 3-17 所示。

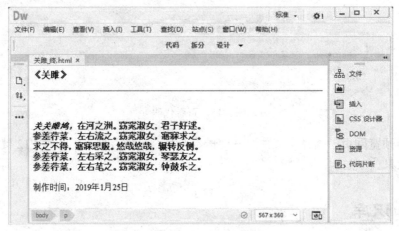

图 3-17　"关雎"网页效果

换行符、水平线及日期等虽不能像文本一样通过键盘直接输入，但是可以通过插入的方式显示在网页中。

 跟我学

1. **打开文件**　运行 Dreamweaver 软件，打开案例"关雎_初.html"。
2. **插入换行符**　将光标移动到需要换行的文本内容的右侧，选择"插入"→HTML→"字符"→"换行符"命令，插入换行符。
3. **插入其他换行符**　用相同的方法在其他位置插入换行符。
4. **插入水平线**　将光标移动到需要插入水平线的文本内容的右侧，选择"插入"→HTML→"水平线"命令，即可在该位置插入水平线。
5. **插入日期**　将光标移动到需要插入日期的文本内容的右侧，选择"插入"→HTML→"日期"命令，按图 3-18 所示操作，即可在该位置插入日期。
6. **保存并预览网页**　按 Ctrl+S 键保存文件，并按 F12 键预览网页。

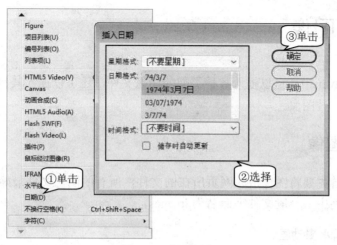

图 3-18　插入日期

 知识库

1. 插入其他特殊字符

当在"特殊字符"子菜单中显示的特殊字符不能满足实际需求时，可以选择"插入"
→HTML→"字符"→"其他字符"命令，打开"插入其他字符"对话框，如图 3-19 所示，
选择所需的特殊字符插入即可。

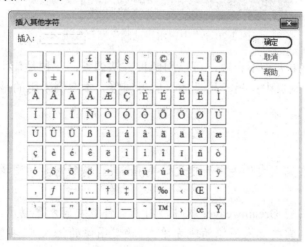

图 3-19　插入其他字符

2. 更新日期

选择"插入"→HTML→"日期"命令，打开"插入日期"对话框，在该对话框中，
可以选择星期格式、日期格式和时间格式。如果希望在保存文档时能够更新插入的日期，
可以选中下面的"保存时自动更新"复选框。

3.2 插入图像

在 Dreamweaver 中，可以插入各种类型的图像文件，还可以插入其他元素，如图像占位符和插入鼠标经过图像。

3.2.1 插入图像

插入图像，首先要将图像放入网页所在的文件，所有的图像文件最好单独存放于一个文件夹中，一般文件夹命名为 images。

实例5 中国水墨动画

网页上的文字，配以合适的图像，可以起到烘托主题的作用，使表达意图更加明确，如图 3-20 所示。

图 3-20 "中国水墨动画"网页效果

插入的图像，如果大小不合适，可以用两种方法调整：一种是使用图形图像软件处理成合适大小，再插入网页中；另一种是插入后再调整。本案例采用的是后者。

 跟我学

1. **复制图片** 在站点文件夹中新建文件夹 images，将所需要的图像文件复制到 images 文件夹下。
2. **打开网页** 运行 Dreamweaver 软件，打开文件"中国水墨动画_初.html"。
3. **插入图片** 在需要插入图像的地方单击，确定图像的插入点，再选择"插入"→Image 命令，按图 3-21 所示操作，选择合适的图像插入到当前位置。
4. **调整图片** 选中插入的图像，在"属性"面板中，按图 3-22 所示操作，调整图像的大小。
5. **查看代码** 单击窗口上的"代码"按钮，查看插入图像的HTML代码，如图3-23所示。也可以在代码窗口中以直接输入代码的方式插入图片。
6. **保存并浏览网页** 按 Ctrl+S 键保存网页，并按 F12 键查看网页效果。

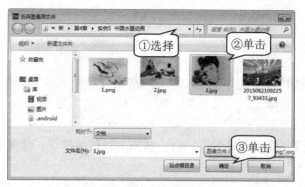

图 3-21 插入图像

图 3-22 调整图片大小

<td width="230" class="要"><img src="3.jpg" alt="" width="230" height="159" /></td>

图 3-23 插入图像的 HTML 代码

3.2.2 设置图像对齐方式

网页中的图像，如同文本一样可以设置对齐方式，而使用表格放置图像，可以使多幅图像看起来更整齐。

实例 6 历届奥运会会标欣赏

每届奥运会都有会标，将会标的图像设置为相同大小，使用表格存放，可以使图像更整齐、美观，效果如图 3-24 所示。

在表格中设置图像的对齐方式，与表格中的文本相同，可以设置水平对齐，也可以设置垂直对齐。

图 3-24 "历届奥运会会标" 网页效果

跟我学

1. **打开文件**　运行软件，打开源文件"历届奥运会会标欣赏_初.html"。
2. **插入图片**　在表格中的相应位置，插入 2008 年北京奥运会的会标与 2012 年伦敦奥运会的会标。
3. **设置水平对齐**　选中表格的第一行，按图3-25所示操作，设置图像的水平对齐方式为"居中对齐"。

图 3-25　设置水平对齐

4. **设置垂直对齐**　用上面同样的方法，设置图像的垂直对齐方式为"居中"。
5. **保存并预览网页**　按 Ctrl+S 键保存文件，并按 F12 键浏览网页。

3.2.3　制作鼠标经过图像

有时在网页中浏览图像，当鼠标经过该图像时，该图像就变成了另一幅图像，表现为类似于 Flash 动画的效果，借动感增加网页的吸引力。

实例 7　地震知识

在介绍地震知识时，配上图片，可使宣传效果更好，原先网页中是地震前的照片，鼠标移上去后即变成地震后的照片，效果如图 3-26 所示。

制作鼠标经过图像有两种方法，可以使用动作行为，也可以直接使用"鼠标经过图像"命令，设置好原始图像和鼠标经过图像后，预览即可看到效果。

地震知识

鼠标经过前

地震知识

鼠标经过时

图 3-26　"地震知识"网页效果

　跟我学

1. **打开文件**　运行软件，打开文件"地震知识_初.html"。
2. **选择原始图像**　选择"插入"→HTML→"鼠标经过图像"命令，打开"插入鼠标经过图像"对话框，按图 3-27 所示操作，选择原始图像"dzq.jpg"。

图 3-27　选择原始图像

3. **选择鼠标经过图像**　用上面同样的方法，选择鼠标经过图像"dzh.jpg"。
4. **保存网页**　按 Ctrl+S 键保存文件。
5. **查看效果**　按 F12 键浏览网页效果。
6. **查看代码**　单击"代码"按钮，查看鼠标经过图像代码，如图 3-28 所示。

```
<td         width="57%"><a         href="#"         onmouseout="MM_swapImgRestore()"
onmouseover="MM_swapImage('地震',",'dzh.jpg',1)"><img  src="dzq.jpg"  alt=""
width="252" height="333" id="地震" /></a></td>
```

图 3-28 查看鼠标经过图像代码

3.2.4 添加背景图像

给网页添加背景可以烘托气氛，网页的背景可以是单种颜色，也可以是图案或都是图片。

实例 8 再别康桥

徐志摩先生的《再别康桥》，配上优美的风景图片，更加赏心悦目，如图 3-29 所示，背景图片的选择要注意，不能影响文字的阅读。

为网页添加背景，可以使用页面设置命令完成，也可以使用 HTML 语言进行标识，网页背景的设置可以通过"页面属性"对话框完成。

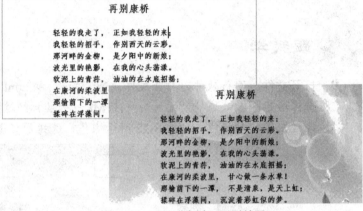

图 3-29 《再别康桥》网页效果

 跟我学

1. **打开文件** 运行软件，打开源文件"再别康桥_初.html"。
2. **设置背景** 选择"窗口"→"属性"命令，打开属性面板，再打开"页面属性"对话框，按图 3-30 所示操作，设置网页背景。

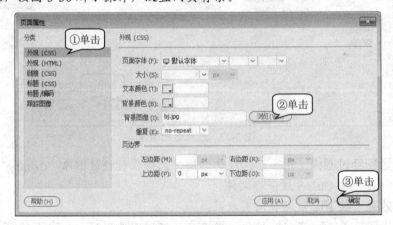

图 3-30 设置背景图片

3. **查看代码**　单击"代码"按钮，查看插入背景图片的代码，如图 3-31 所示。

```
body {
        background-image: url(1697891_192221503386_2.jpg);
        background-repeat: no-repeat;
        margin-top: 0px;
}
```

图 3-31　插入背景图片的代码

4. **保存并预览网页**　按 Ctrl+S 键保存文件，并按 F12 键浏览网页效果。

 知识库

1. 网页中常用的图像格式

网页中的图像是使用最多的表现方式之一，图像除了在网页中具有传达信息的作用，还可以起到烘托主题的作用。由于图像格式的不同、大小等差别，在制作网页时，要从网站的整体考虑，做到既满足页面主题和效果的需求，又可加快网页的打开和下载速度。网页中常用的图像格式有以下几种。

- GIF 格式：GIF 可译为"图像交换格式"，是一种无损压缩格式的图像，它支持图像文件的最小化，支持动画模式，能在一个图像文件中包含多帧图像，在浏览器中可看到动感的图像效果。

- JPEG 格式：JPG/JPEG(Joint Photographic Experts Group)可译为"联合图像专家组"，是一种压缩格式的图像。这种压缩方式最大的特点是通过压缩可使其在图像品质和文件大小两者之间达到较好的平衡，在压缩中损失掉的是图像中不易被人察觉的内容。由于 JPEG 获得较小的文件尺寸，使得图像在浏览和下载时的速度加快。

- PNG 格式：PNG(Portable Network Graphic)可译为"便携网络图像"，是一种格式极为灵活的图像，用于网页上无损压缩和显示图像。这种文件格式比较小，现在网页上使用非常普遍。

2. 设置图像属性

在网页中插入图像后，可以对图像进行设置，达到与网页内容、风格统一的效果。对网页中图像的设置，可以通过网页窗口下方的"属性"面板来实现。

- "图像"：在该文本框中可以输入图像的名称，以便在以后可以调用该图像文件。
- "宽"和"高"：在文本框中可以输入数值，以设置图像文件的宽与高。
- "源文件"：显示当前图像文件的地址，单击文本框后面的文件夹按钮，可以重新设置当前图像文件的地址。
- "链接"：在该文本框中可以设置当前图像的链接地址。
- "替换"：在该文本框中可以输入文本，用于设置当前图像文件的描述。

- "边框"：在该文本框中可以设置图像的边框宽度，相当于给图像加一个边框，其宽度以"像素"为单位。
- "对齐"：在该下拉列表框中选择图像对齐的方式。

3.3　插入多媒体

在 Dreamweaver 中可以快速、方便地为网页添加声音、影片、动画等多媒体信息，这些多媒体信息可使网页更加生动。

3.3.1　插入动画

在网页中插入的 Flash 动画，包括 Flash 影片、按钮、导航，以及透明的 Flash 动画等。

实例 9　校园风景

使用 Flash 制作的电子相册比图片更具感染力，如图 3-32 所示，将学校的图片制作成连续播放的相册。

网页的 Flash 动画的格式为 SWF，插入动画的方法与图片相似，可以直接使用命令插入，也可以通过 HTML 代码实现；插入的动画也可以根据情况改变大小。

图 3-32　"校园风景"网页效果

 跟我学

1. **复制动画文件**　将 Flash 相册中的 xiangce.swf 复制到网页文件"校园风景_初.html"所在文件夹下。
2. **插入动画**　选择"插入"→HTML→Flash SWF(F)命令，打开"选择 SWF"对话框，按图 3-33 所示操作，插入 xiangce.swf。

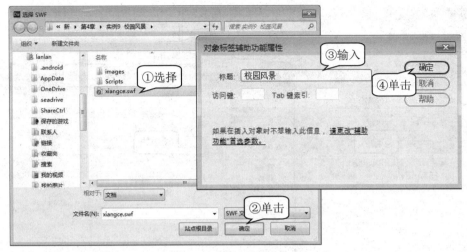

图 3-33　插入动画

3. **保存并预览网页**　按 Ctrl+S 键保存文件，并按 F12 键浏览网页效果。

3.3.2　插入视频

FLV是当前视频文件的主流格式，其文件扩展名是.flv。FLV视频极小，加载的速度非常快，目前网站提供的视频文件大多使用了FLV格式，用户只要能在网页上看到Flash就能看到FLV视频，无须安装其他插件。

实例 10　视觉暂留现象

通过鸟笼实验，验证视觉暂留现象，在网页上配以实验器材与实验过程的视频，可使网页的宣传效果更好，如图 3-34 所示。

插入视频可以通过菜单命令，也可以用 HTML 代码实现，此处插入的视频文件的格式是 FLV，如果视频不是此格式，可以使用"格式工厂"等软件进行转换。

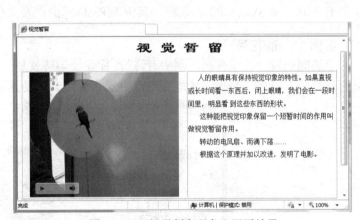

图 3-34　"视觉暂留现象"网页效果

 跟我学

1. **打开文件**　运行软件，打开文件"视觉暂留_初.html"。
2. **插入视频**　单击确定插入视频的位置，再选择"插入"→HTML→Flash Video(L)命令，打开"插入 FLV"对话框，按图 3-35 所示操作，插入视频。

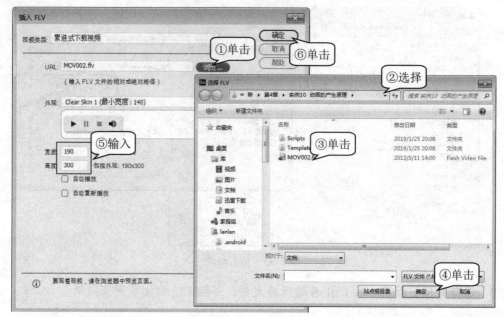

图 3-35　插入 FLV 视频

3. **保存并预览网页**　按 Ctrl+S 键保存文件，并按 F12 键浏览网页效果。

3.3.3　插入音频

在浏览网页时，有时可以听到音乐，给人以美的享受。网上的音频文件主要有 MID、WAV、MP3 等几种，其中 MP3 格式的声音文件的品质最好。

实例 11　醉花阴

李清照的诗"诗中有画，画中有诗"，往往一句诗就是一个镜头，就蕴含着一片深情，只有反复听、联想、品味，才能领略此中画意诗情，感受其意境美，如图 3-36 所示。

图 3-36　《醉花阴》网页效果

使用插件插入音乐，即插入插件后，链接上音乐文件，网页在浏览时，会显示浏览器的外观，还可以使用播放、暂停、停止等按钮。

跟我学

1. **打开文件**　运行 Dreamweaver 软件，打开网页文件"李清照词全集_初.html"。

2. **插入插件**　选择"插入"→"媒体"→"插件"命令，打开"选择文件"对话框，按图 3-37 所示，选中音频文件"langdu.mp3"。

3. **调整大小**　选中插件图标，设置图标的大小为 521*19。

4. **设置播放**　选定插件图标，按图 3-38 所示操作，将音乐设置为自动播放。

5. **保存并预览网页**　按 Ctrl+S 键保存文件，并按 F12 键浏览网页效果。

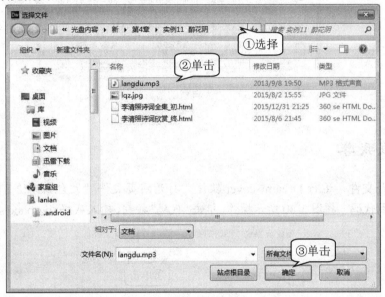

图 3-37　选择音频文件

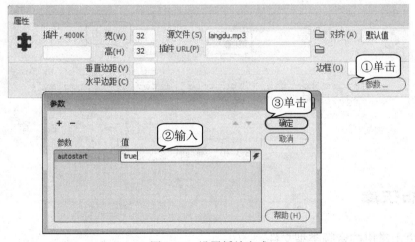

图 3-38　设置播放方式

实例12　大自然的语言

"大自然的语言"是初中的一篇说明文,打开网页,除阅读文章外,还配有原文朗读,可使效果更好,如图3-39所示。

在网页中插入音乐,可以通过<audio>和</audio>标识来实现,只需打开"代码"窗口,在<body>与</body>之间添加相应的语句即可。

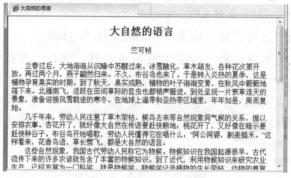

图3-39　"大自然的语言"网页效果

 跟我学

1. **打开文件**　运行Dreamweaver软件,打开网页文件"大自然的语言_初.html"。

2. **编写代码**　按图3-40所示操作,单击"代码"按钮,输入代码<bgsound src= "bj.mp3" />。

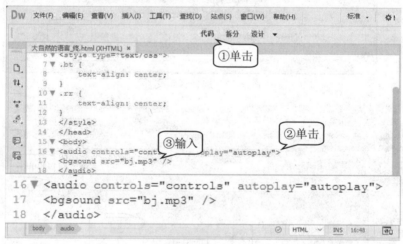

图3-40　编写代码

 知识库

1. 网页上常用的音频类型文件

在浏览网页时,有时可以听到背景音乐伴随网页的打开而响起,给人以美的享受。在网页中常用的音频文件格式主要有以下三种类型。

- MID格式：这种格式是网页设计中最常用的文件格式。不需要特定的插件支持播放，一般的浏览器都支持。这种音频格式占用空间不大，在网页上经常使用。
- WAV格式：这种格式的声音品质一般较好，不需要提供额外的插件作为运行条件，缺点是文件比较大，会影响网页速度。
- MP3 格式：这种格式音频效果很好，文件比较大，部分浏览器需要插件支持。

2. 使用代码插入声音

到目前为止，各大组织还没有统一在网页上播放音频的标准，因此当前大多数音频都是通过第三方插件来实现的，而 HTML5 的推出轻松地解决了这个问题，使用新增的<audio>标记可以在网页中播放音频。

<audio>标记的属性信息如表 3-1 所示。

表 3-1　<audio>标记的属性信息

属　　性	值	描　　述
Autoplay	Autoplay	如果出现此属性，音频在就绪后马上播放
Controls	Controls	如果出现此属性，则向用户显示控件，如播放按钮等
Loop	Loop	如果出现此属性，当音频结束后重新开始播放
src	url	要播放的音频的 URL

3.4　使用模板快速制作网页

一个网站的风格与内容相近时，一般会采取同种版式，这样可以节省制作时间，并且使整个站点外观结构统一；在网页的后期维护中，通过修改模板，也可以使网页更新变得更方便。

3.4.1　创建模板文件

创建模板文件，可以使用新建文件的方式，也可以对已有的文件修改后另存为模板。

实例 13　计算机教育(1)班任课教师

计算机教育(1)班的网站，如图 3-41 所示，包括班级介绍、任课教师、同学介绍、班级新闻及联系我们 5 个页面，其中"班级介绍"与"联系我们"只有一个页面，"任课教师""同学介绍"及"班级新闻"均由若干个页面组成，可以使用模板统一格式。

制作"任课教师"模板，可以采取新建网页的方式，打开站点，创建模板，插入图片，

在网页上添加编辑区域。"任课教师"模板上共创建了 2 个可编辑区域，分别是"标题"与
"正文"。

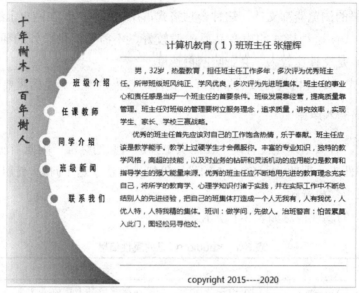

图 3-41　"计算机教育(1)班任课教师"网站的网页效果

 跟我学

1. **建立站点**　运行 Dreamweaver 软件，选择"站点"→"新建站点"命令，建立"计
算机教育(1)班班级网站"站点。
2. **新建模板文件**　选择"文件"→"新建"命令，打开"新建文档"对话框，按图 3-42
所示操作，建立模板文件。

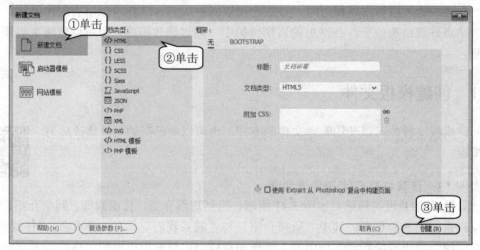

图 3-42　新建模板文件

3. **新建表格**　选择"插入"→Table 命令，在弹出的"表格"对话框中，按图 3-43 所示操作，创建一个 5 行 2 列的表格。

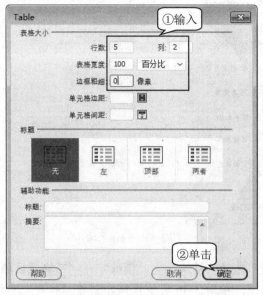

图 3-43　创建表格

当表格的边框粗细设置为 0 时，在编辑状态，表格边框显示为虚线，在浏览器浏览时，不显示边框线。

4. **编辑表格**　选中第 1 列的 5 个单元格，合并成一个单元格，效果如图 3-44 所示。

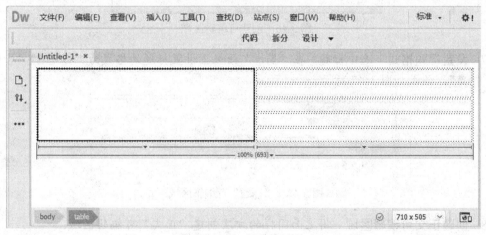

图 3-44　编辑表格

5. **制作网页**　在左边单元格中插入图片 left.png，右侧第一行插入图片 top.png，右侧第 3 行插入水平线，效果如图 3-45 所示。

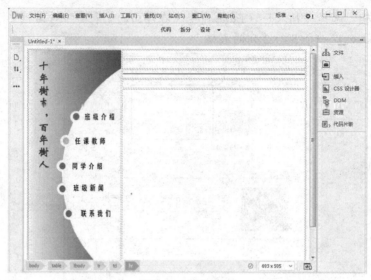

图 3-45　制作页面

6. **创建可编辑区域**　选择"插入"→"模板"→"可编辑区域"命令，打开"新建可编辑区域"对话框，按图 3-46 所示操作，创建"标题"可编辑区域。

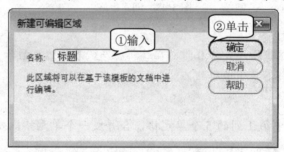

图 3-46　创建可编辑区域

7. **设置标题格式**　选中标题，在"属性"面板上设置标题的格式为"标题 2""居中对齐"，效果如图 3-47 所示。

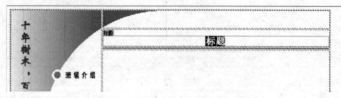

图 3-47　"标题"可编辑区域

8. **创建正文可编辑区域**　用上面同样的方法创建"正文"可编辑区域。
9. **保存网页模板**　按 Ctrl+S 键保存文件，弹出"另存为"对话框，按图 3-48 所示操作，将文件以 rkjs.dwt 为名，保存到文件夹 Templates 中。

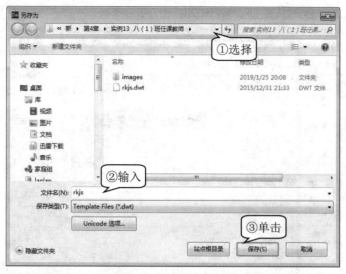

图 3-48　保存网页模板

实例 14　青年志愿者信息卡

"青年志愿者信息卡"网页效果如图 3-49 所示，包括姓名、照片、性别、年龄、学校与班级等信息。为制作所有志愿者信息卡，可以使用模板统一格式。

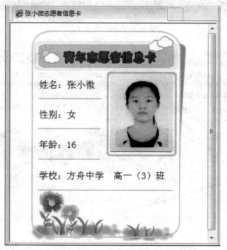

图 3-49　"青年志愿者信息卡"网页效果

制作志愿者信息卡模板，可以先在 Fireworks 中绘制模板、切片，然后使用 Dreamweaver 打开文件，创建可编辑区域，再存为网页模板文件。

跟我学

1. **绘制网页**　运行 Fireworks 软件，绘制如图 3-50 所示的网页模板。
2. **网页切片**　按图 3-51 所示操作，对绘制的网页进行切片操作。

图 3-50　绘制网页

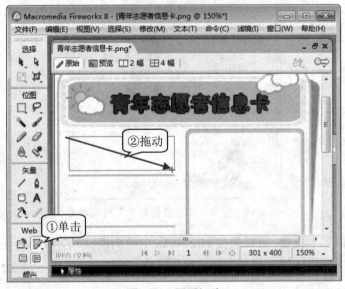

图 3-51　网页切片

3. **其他切片**　用上面同样的方法，对网页进行其他切片操作，效果如图 3-52 所示。

4. **导出网页**　按图 3-53 所示操作，导出网页文件。

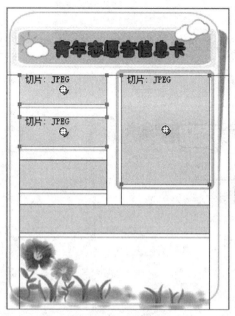

图 3-52　其他切片

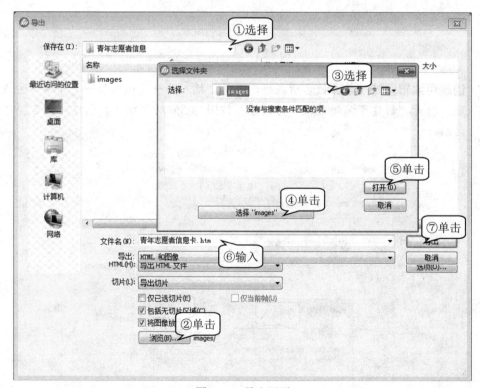

图 3-53　导出网页

5. **删除图片**　运行 Dreamweaver 软件，打开"青年志愿者信息卡.htm"网页，按图 3-54 所示操作，将需要添加文本处的图片删除。

6. **编辑网页**　用上面同样的方法，删除其他图片，如有需要，将删除的图片设置为背景。

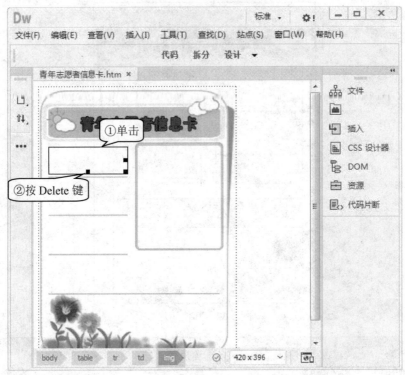

图 3-54　删除图片

7. **创建可编辑区域**　单击姓名所在框，选择"插入"→"模板"→"可编辑区域"命令，打开"新建可编辑区域"对话框，按图 3-55 所示操作，创建"姓名"可编辑区域。

图 3-55　创建可编辑区域

8. **创建文件夹**　在"青年志愿者信息卡"文件夹中建立存放模板文件的文件夹 Templates。

9. **存成模板文件**　按图3-56所示操作，将文件以"青年志愿者信息卡"为名存为网页模板文件。

图 3-56　保存为网页模板文件

 知识库

1. Fireworks 软件

Fireworks 不仅可以轻松地制作出非常动感的 GIF 动画，还可以轻易地完成大图切割、动态按钮、动态翻转图等，可以在直观、可定制的环境中创建和优化用于网页的图像并进行精确控制。Fireworks 在业界领先的优化工具可帮助用户在最佳图像品质和最小压缩大小之间达到平衡。它与 Dreamweaver 和 Flash 共同构成的集成工作流程利用可视化工具，无须学习代码即可创建具有专业品质的网页图形和动画，如变换图像和弹出菜单等。

2. 网页切片

在 Fireworks 或者是 Photoshop 中设计好的网页效果图，需要导入 Dreamweaver 中进行排版布局。在导入 Dreamweaver 之前，可以使用 Fireworks 对效果图进行切片和优化，然后再把优化好的切片输出到 Dreamweaver 的站点中进行布局。切片是为了获得图像素材，也就是说能够通过写 XHTML 语言脚本实现效果的部分不需要切片，而必须用图像的地方则一定要切片。

3.4.2　管理模板文件

对建立好的模板文件，可以进行修改、删除等管理，对模板进行修改后，可以将模板的修改应用于所有由模板生成的网页。

实例 15　修改任课教师模板

做完网站后，同学们发现所有任课教师网页上的班级口号都不对，需要修改，将"十年树木，百年树人"换成"一班一班，非同一般，共同努力，勇往直前"，如图 3-57 所示。

更改前　　　　　　　更改后

图 3-57　"修改任课教师模板"效果图

只需打开模板文件 rkjs.dwt，用修改过的图片 left1.png 替换图片文件 left.png，然后再使用模板更新所有生成的网页文件即可。

 跟我学

1. **打开模板**　运行软件，打开模板文件 rkjs(初).dwt。
2. **修改模板**　选中模板文件左侧的图片，再按图 3-58 所示操作，修改插入的图片文件。

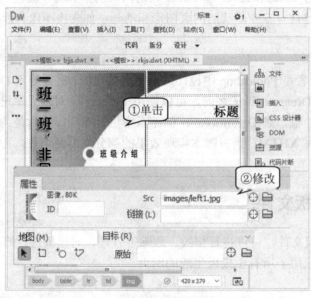

图 3-58　修改模板

3. **更新网页** 选择"工具"→"模板"→"更新页面"命令，弹出"更新页面"对话框，按图 3-59 所示操作，更新网站中所有使用模板制作的页面。

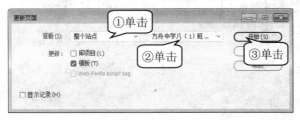

图 3-59 更新网页

4. **保存并预览网页** 保存文件后，再打开由 rkjs.dwt 模板制作的网页文件，查看更新后的效果。

3.4.3 使用模板制作网页

可以使用模板建立网页，建立好的网页，可以选择仍与模板保持联系，或从模板中分离，如果分离，则网页成为普通网页，不能再通过模板文件更新。

实例 16 班级介绍

使用模板文件制作"班级介绍"网页，如图 3-60 所示，只需要在标题处输入文本"班级介绍"，以及在正文处输入班级介绍的文字内容即可。

图 3-60 "班级介绍"网页效果

使用"文件"→"新建"命令，在"新建文档"对话框中选择"模板中的页"标签，选择要使用的网页模板，然后单击"创建"按钮，可以基于选中模板创建新的网页文件。

 跟我学

1. **新建文件** 运行软件，选择"文件"→"新建"命令，按图 3-61 所示操作，使用 bjjs.dwt 为模板，创建网页文件。

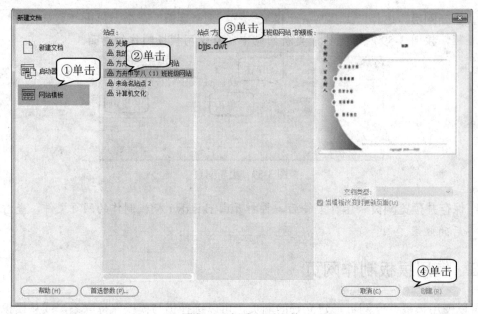

图 3-61　新建网页文件

2. **输入标题**　单击可编辑区域标题处，按图 3-62 所示操作，输入标题"计算机教育(1)
班情况介绍"。

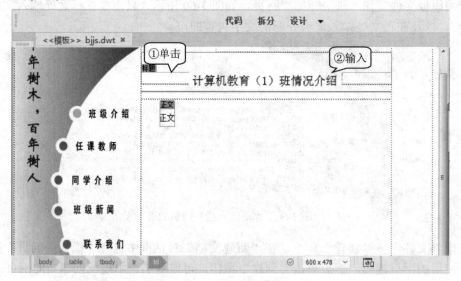

图 3-62　输入标题

3. **输入正文**　用上面同样的方法，输入正文内容。
4. **保存并预览网页**　按 Ctrl+S 键保存网页，并按 F12 键查看网页效果。

知识库

1. 创建模板的方法

创建模板文件有两种方法，既可以新建文件创建模板，也可以修改已有的网页文件保存为模板文件。模板文件以文件扩展名.dwt 保存在站点本地根文件夹的 Templates 文件夹中。如果该文件夹在站点中不存在，Dreamweaver 将在保存新建模板时自动创建该文件夹。

2. 模板中的区域

模板是一种特殊类型的网页文档，只是被加入了特殊的模板信息，一般用来设计"固定的"页面布局并定义可编辑区域，只需从模板创建网页并在可编辑区域中进行编辑即可完成新页面的设计，大大提高了工作效率。简单地说，模板是一种用来批量创建具有相同结构及风格的网页的最重要手段。

- 模板的重复区域：该区域是模板的一部分，设置时可以使模板用户在基于模板的文档中添加或删除重复区域的副本。重复区域通常与表格一起使用，但也可以为其他页面元素定义重复区域。使用重复区域，可以通过重复特定项目来控制页面布局，如目录项、说明布局或重复数据行。
- 模板的可编辑区域：为了避免编辑时因误操作而导致模板中的元素发生变化，模板中的内容默认为不可编辑。模板创建者可以在模板的任何区域指定可编辑的区域，而且要使模板生效，至少包含一个可编辑区域，否则该模板没有任何实质意义。创建可编辑区域的方法一：单击"常用"选项卡中的"可编辑区域"按钮。方法二：直接在模板空白处右击，选择"模板"下的"新建可编辑区域"选项。

3.5　小结和习题

3.5.1　本章小结

本章详细介绍了在网页中输入与编辑文本，插入表格、图像、动画、声音及视频等网页元素，在网页中插入网页元素可以通过常规方法，即使用菜单命令，也可以通过 HTML代码的方式进行。本章还详细介绍了使用模板、快速制作风格一致网页的方法。

- **输入文本**：主要介绍了输入文本、修改文本及设置文本格式的方法，另外，还介绍了如何插入符号，如项目符号、序号等。
- **插入图像**：主要介绍如何使用命令与 HTML 语言插入图像、图像的种类及特点，以及图像大小的调整。
- **插入多媒体**：通过实例介绍了插入声音文件、动画文件及视频文件的方法。

● **使用模板快速制作网页**：通过实例介绍了模板的制作、使用模板制作网页、修改模板更新网页等方法。

3.5.2 强化练习

一、选择题

1. 文本标签<font>的属性不包括(　　　)。
   A. face　　　　　　　B. color　　　　　　C. size　　　　　　D. aligu

2. 在输入文本后，按 Shift+Enter 键，产生的是(　　　)。
   A. 空格　　　　　　　B. 换行　　　　　　C. 分页符　　　　　D. 另起段落

3. 在网页中不需要解码的音频格式文件是(　　　)。
   A. mid　　　　　　　B. mp3　　　　　　C. mp4　　　　　　D. flv

4. 在网页编辑过程中，需在浏览器中查看效果，可以直接按(　　　)键。
   A. F9　　　　　　　　B. F10　　　　　　C. F11　　　　　　D. F12

5. 下列属于表格操作的是(　　　)。
   A. 选择行　　　　　　B. 删除行　　　　　C. 隐藏行　　　　　D. 插入行

6. 下列图像格式中，一般不用于网页中的是(　　　)。
   A. png　　　　　　　B. jpg　　　　　　C. gif　　　　　　D. bmp

7. 插入多媒体菜单项中，不包括(　　　)。
   A. Flash　　　　　　B. 声音　　　　　　C. 视频　　　　　　D. 动画

8. 在 Dreamweaver 中，没有视图模式(　　　)。
   A. 代码　　　　　　　B. 拆分　　　　　　C. 设计　　　　　　D. 规划

9. 列表分为(　　　)。
   A. 有序列表与无序列表　　　　　　　B. 项目符号与数字符号
   C. 数字符号与标点符号　　　　　　　D. 项目符号与有序列表

10. 在网页中插入的 Flash 动画的文件格式是(　　　)。
    A. swf　　　　　　　B. flv　　　　　　C. fla　　　　　　D. mp4

二、判断题

1. 在网页中可以插入视频文件。　　　　　　　　　　　　　　　　　　　　(　　)
2. 可以基于模板新建文件。　　　　　　　　　　　　　　　　　　　　　　(　　)
3. 插入图片只能通过菜单命令实现。　　　　　　　　　　　　　　　　　　(　　)
4. 在插入视频时，可以设置播放器的大小。　　　　　　　　　　　　　　　(　　)
5. 插入的 Flash 动画文件，可以像图片一样改变大小。　　　　　　　　　　(　　)
6. 与网页模板断开联系的网页，无法使用模板更新。　　　　　　　　　　　(　　)
7. 可以通过修改其他网页文件的方法制作模板文件。　　　　　　　　　　　(　　)
8. 在 Dreamweaver 中，可以显示或隐藏标尺。　　　　　　　　　　　　　(　　)
9. 在 Dreamweaver 中，插入特殊字符中没有版权符号。　　　　　　　　　(　　)

10. 在 Dreamweaver 中，插入音乐只能使用第三方控件。　　　　　（　）

三、操作题

1. 新建站点"新技术"。
2. 新建网页文件，并将它保存成 index.html。
3. 在网页属性对话框中设置主页的名称为"新技术"。
4. 在网页中插入 Flash 动画文件。
5. 在网页中插入视频文件。

第 4 章

设置网页超级链接

网络世界里，超级链接无处不在。通过超级链接可以将因特网上的各种相关信息有机地联系起来，很方便地从一个网页跳转到另一个网页，从而方便查询到所需要的资源。

本章通过多个实例，从超级链接的基本概念、创建和管理三个方面，介绍超级链接在网页中的相关应用。

本章内容：

- 认识超级链接
- 创建超级链接
- 管理超级链接

4.1　认识超级链接

超级链接是在网页之间建立联系的基本途径。通常，网页上会有很多超级链接，指向各种相关的内容。超级链接是网络的关键，正是有了超级链接，才使得网络资源如此浩瀚。

4.1.1　超级链接的分类

超级链接在本质上属于一个网页的一部分，它是一种允许同其他网页或站点之间进行连接的元素。各个网页连接在一起后，才能真正地构成一个网站。

1. 按使用对象分类

网页中有多种超级链接，单击超级链接，将从一个网页指向一个目标。按使用对象来划分，网页中的链接大致可以分为 6 种，如图 4-1 所示。

图 4-1　按使用对象分类

2. 按网页路径分类

如图 4-2 所示，按网页路径可分为：绝对 URL 超级链接、相对 URL 超级链接和书签超级链接 3 种。

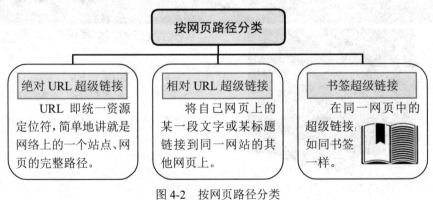

图 4-2　按网页路径分类

3. 按网页状态分类

如图 4-3 所示，按网页状态来分，超级链接可分为动态超级链接和静态超级链接。例如，可以实现将鼠标移动到某个文字动态超级链接时，文字就如同动画一样动起来，或将鼠标移到动态超级链接的图片上，图片就产生反色或朦胧等效果。

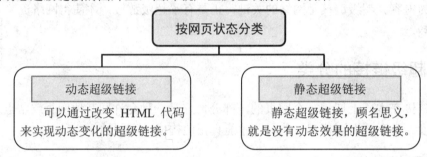

图 4-3　按网页状态分类

4.1.2　超级链接的路径

创建超级链接时必须了解链接与被链接文本的路径，在一个网站中，超级链接的路径可以分为两类：绝对路径和相对路径。

1. 绝对路径

绝对路径是指包括服务器规范在内的完全路径，通常使用 http:// 来表示。如图 4-4 所示，http://www.tup.tsinghua.edu.cn/booksCenter/book_08146201.html 为绝对路径。

图 4-4　绝对路径案例

　　绝对路径的特点是：路径同链接的源端点无关，只要目标站点地址不变，无论文档在站点中如何移动，都可以正常实现跳转而不会发生错误。因此，如果需要链接当前站点之外的网页或者网站，就必须使用绝对地址。

　　需要将访问者导向另一站点或需要从另一站点获得内容时，这种路径是最佳选择。但是，绝对路径链接方式不利于测试和站点的移植。如果在站点中使用绝对路径地址，就必须在 Internet 服务器端进行测试。

2. 相对路径

　　相对路径以一个正斜杠(/)开始，例如，/study/tips.htm是文件tips.htm的站点根目录相对路径，该文件位于站点根目录的study子目录中。如果要链接的文件位于当前文档所在文件夹的子文件夹中，那么应提供子文件夹的名称，然后是"/"和要链接的文件名，如ucdownload/download.asp。

　　如果经常需要在网站中将 HTML 文件从一个文件夹移到另一文件夹，那么相对路径是在该网站中指定链接的最佳方法。

 知识库

1. URL 简介

　　URL(Uniform Resource Locator，统一资源定位符)，简称网址。互联网上的每个文件都有一个唯一的URL，它包含的信息指出文件的位置及浏览器应该怎么处理它。超级链接是通过URL地址来访问它指向的网络资源。URL由访问方法、服务器名称、端口号及文档位置组成，格式如下。

访问方法://服务器名称:端口/文档位置

- 访问方法：指明要访问 Internet 资源的方法或者是访问的协议类型。在网上使用最多的是 http，即超文本转换协议。
- 服务器名称：指出被访问的 Internet 资源所在的服务器域名。
- 端口(Port)：指出被访问的 Internet 资源所在的服务器端口号。
- 文档位置：指明服务器上某资源的位置，其格式与操作系统中的格式一样，结构通常为"目录/子目录/文件名"。

2. 相对路径的形式

　　相对路径有两种形式，一种是根目录相对路径，另一种是文档目录相对路径。

- 根目录相对路径：是从站点根目录到被链接文档经过的路径。站点上所有公开的内容都存放在站点的根目录(文件夹)下。
- 文档目录相对路径：是以当前文档所在位置为起点到被链接文档经过的路径，这种路径是大多数网站中本地链接最常用的路径。如果要链接的文件与当前文件位于相同文件夹中，那么路径中只需要文件名。

4.2　创建超级链接

利用 Dreamweaver 软件，可以建立图片超级链接、文本超级链接、电子邮件超级链接、下载文件超级链接、热点区域链接、空链接及脚本链接等。

4.2.1　创建图像超级链接

给网页上的图像设置超级链接，使得用户通过单击图像就可以打开相应的内容，让网页更加生动。例如，常见的友情链接，可以将站点页面链接到本地站点以外的页面，设计人员需要事先给相应的图像指定一个完整的地址。

实例 1　创建友情链接
在网页文档中插入 3 个图像，并将它们用新窗口的方式分别链接到相应的网页，如图 4-5 所示。为了让网页结构合理，要先插入一个表格，再插入图像，最后建立超级链接。

图 4-5　友情链接实例

 跟我学

1. **打开文件**　运行 Dreamweaver 软件，选择"文件"→"打开"命令，打开案例 lianjie.html，单击"设计"按钮。
2. **创建表格**　选择"插入"→Table 命令，按图 4-6 所示操作，创建一个 1 行 3 列，宽度为 890 像素的表格，并将表格居中对齐。

图 4-6　创建表格

3. **插入图片**　在第一个单元格中插入素材中提供的图片 1.jpg。

4. **输入网址**　选中图片，按图 4-7 所示操作，输入网址 http://www.chinakaoyan.com。

图 4-7　输入网址

5. **给其他图片创建超级链接**　在其他两个单元格中依次插入图片 2.jpg 和图片 3.jpg，并设置相应的站外链接为 http://ntce.neea.edu.cn、https://www.imooc.com。
6. **保存并预览**　按 Ctrl+S 键保存文件，并按 F12 键预览网页。

4.2.2　创建文本超级链接

文本超级链接是常见的链接形式，作为链接对象的文本往往是所链接文档的标题或者标识性文字，具有简单明确的优点。

实例 2　计算机应用教材
给网页中的文本"Camtasia Studio 微课制作""Flash 多媒体课件制作""PowerPoint 多媒体课件制作"和"Scratch 创意编程"创建超级链接，效果如图 4-8 所示。

图 4-8　文本链接实例

文本超级链接的创建有多种方法，可以在"链接"文本框中输入内容，也可以利用工具按钮来创建链接。

 跟我学

1. **选择文本**　打开网页 jiaocai.html，选中作为链接对象的文本。

2. **插入超级链接**　使用以下3种方法之一来完成。

● **方法 1**：在"属性"面板的"链接"文本框中输入链接对象的路径和名称，如图 4-9 所示。

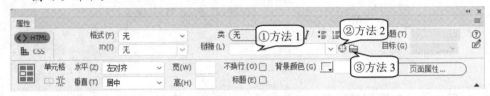

图 4-9　"属性"面板

● **方法 2**：按图 4-10 所示操作，拖动"指向文件"图标 至"文件"面板中被链接的对象上。

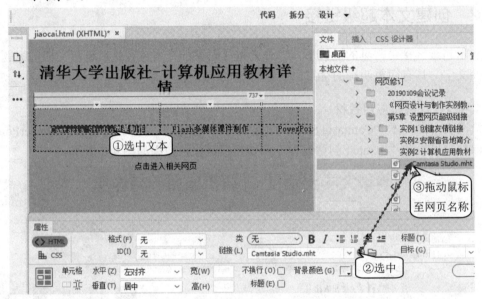

图 4-10　使用"指向文件"图标创建超级链接

● **方法 3**：单击"链接"文本框后面的"浏览文件"按钮，在弹出的"选择文件"对话框中选择要链接的对象，然后单击"确定"按钮。

3. **选择打开链接窗口的方式**　按图 4-11 所示操作，选择打开链接窗口的方式。

图 4-11　选择打开链接窗口的方式

4. **给其他文字创建超级链接**　为"Flash 多媒体课件制作""PowerPoint 多媒体课件制作"和"Scratch 创意编程"等文本创建超级链接。

 知识库

1. 选择"目标"选项

在"目标"下拉列表框中，包含以下 5 个选项供选择。

- _blank：在新的浏览器窗口中打开链接，多次单击会打开多个新的浏览器窗口。
- new：在新的浏览器窗口中打开链接，多次单击仅打开一个新的浏览器窗口。
- _parent：将链接的文件载入含有该链接框架的父框架集或父窗口中打开。
- _self：在当前窗口中打开链接对象，如果不进行选择，将默认该选项。
- _top：在整个浏览器窗口中载入所链接的文件，因而会删除所有框架。

2. 去除链接文本下方的下画线

创建超级链接后，链接文本下方会出现蓝色的下画线。可以选择"修改"→"页面设置"命令，按图 4-12 所示操作，去除链接文本下方的下画线。

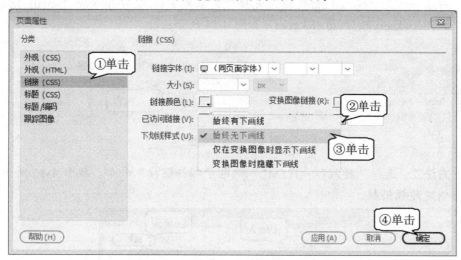

图 4-12　去除链接文本下方的下画线

4.2.3　创建电子邮件超级链接

电子邮件超级链接是一种特殊的链接，单击其时，将打开一个新的空白邮件窗口，在"收件人"栏中将自动显示电子邮件链接中指定的地址。

实例 3　创建电子邮件超级链接

给网页中的文字或者图像创建电子邮件超级链接，使得单击其时，打开如图 4-13 所示的发送邮件窗口。

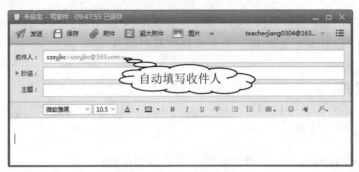

图 4-13　发送邮件窗口

创建电子邮件超级链接有两种方法,一种是在"链接"文本框中输入地址,另一种是利用菜单命令。

 跟我学

1. **选中对象**　选中要创建电子邮件超级链接的对象(文本、图像或其他)。

2. **创建超级链接**　使用以下两种方法之一来完成。

● **方法一**: 在"属性"面板的"链接"文本框中输入 mailto:和 E-mail 地址,如 mailto:wkservice@vip.163.com,如图 4-14 所示。

图 4-14　属性面板

● **方法二**: 选择"插入"→HTML→"电子邮件链接"命令,按图 4-15 所示操作,创建超级链接。

图 4-15　插入电子邮件链接

3. **保存并预览**　保存并预览该网页,单击创建电子邮件超级链接的对象,将启动系统默认的邮件程序,如图 4-13 所示,收件人的地址自动填写,用户只需要填写邮件标题和正文。

4.2.4　创建下载文件超级链接

网站中经常提供一些下载文件的链接，单击这些链接就可以直接下载文件，这些超级链接指向的不是网页，而是其他文件，如 RAR、MP3 或 EXE 文件等。

实例 4　下载文件超级链接

打开 Download.html 文件，给文本"FSCapture 录屏软件下载"创建下载文件超级链接，当单击其时，系统将弹出下载文件的对话框，如图 4-16 所示。创建下载文件超级链接的方法与文本超级链接的方法相同。

图 4-16　下载文件的对话框

 跟我学

1. **选中文本**　将文本"FSCapture 录屏软件下载"选中。
2. **创建下载文件超级链接**　在"属性"面板中，按图 4-17 所示操作，在弹出的"选择文件"对话框中，选择文件 FSCapture.zip。

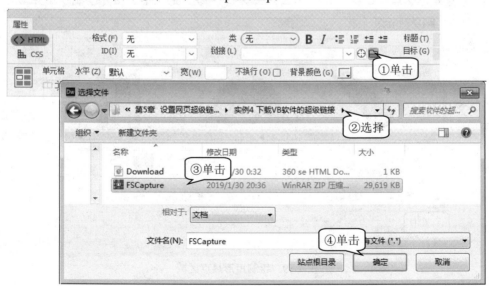

图 4-17　"选择文件"对话框

3. **保存并预览**　保存并预览该网页，单击文本"FSCapture 录屏软件下载"，将弹出如图 4-16 所示的对话框，单击"保存"按钮，即可将软件保存到本地计算机中。

4.2.5　创建热点区域链接

当制作的网页是由图片构成时，可以使用热点工具米给图片的各个部分建立不同的热点区域链接，使页面的导航结构更加简洁、明快。

实例5　创建热点区域超级链接

打开网页 rq.html，在中间单元格中插入图片 shopping.jpg，建立相应的热点区域链接，如图 4-18 所示。

图 4-18　示例图片

图片中的各个物品形状各不相同，可以使用 3 种不同的热点工具按钮，创建不同形状的热点链接。

 跟我学

1. **插入图片**　打开网页，在表格的第 2 个单元格中插入图片 shopping.jpg。
2. **建立矩形热点**　选择"矩形热点"工具□，给"充气垫"图片绘制一个矩形热点，如图 4-19 所示。

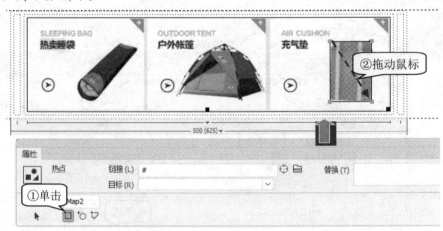

图 4-19　绘制矩形热点区域

3. **输入网址**　按图 4-20 所示操作，在"属性"面板的"链接"文本框中输入网址

https://www.tmall.com/。

图 4-20　输入网址

4. **建立圆形热点**　选中图片，选择"圆形热点"工具，按图 4-21 所示操作，给图片上的"帐篷"建立圆形热点链接。

图 4-21　建立圆形热点

5. **建立多边形热点**　选中图片，选择"多边形热点"工具，按图 4-22 所示操作，给图片上的"睡袋"建立多边形热点链接。

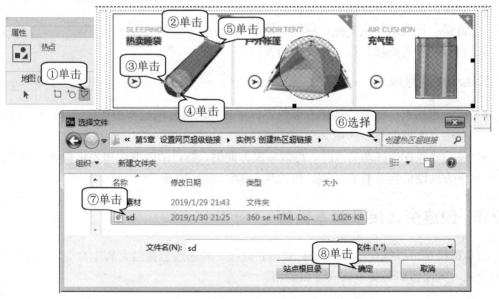

图 4-22　建立多边形热点

6. 保存并预览　保存并按 F12 键预览该网页。

 知识库

1. 热点工具种类

如图 4-23 所示，常见的热点工具有以下 4 种。

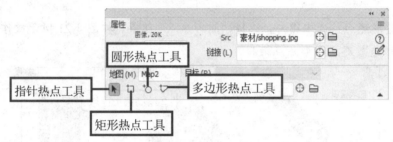

图 4-23　热点工具

- 矩形热点工具□：选择该工具后在图像上拖曳鼠标，可以创建矩形热点，按住 Shift 键拖曳鼠标，可以创建正方形热点。
- 圆形热点工具○：选择该工具后在图像上拖曳鼠标，可以创建圆形热点。
- 多边形热点工具▽：选择该工具后在图像上移动并单击鼠标，创建多边形热点。
- 指针热点工具▶：该工具可以选择并移动已经创建好的热点的位置。

2. "热点"常用属性

- 地图：设置该图像映射的名称。
- 链接：设置该热点链接目标的地址。
- 目标：设置链接目标文档显示的窗口。

3. 绘制热点区域

- 正方形热点：如要绘制正方形热点，可在拖动鼠标的过程中按住 Shift 键，即可绘制出正方形的热点区域。
- 移动热点：当移动热点时，每按一次方向键，热点的改变距离为 1 像素，如果在按下方向键的同时按 Ctrl 键，每次移动的距离为 10 像素。

4.2.6　创建空链接及脚本链接

脚本链接是可以执行 JavaScript 语句的链接，其通过链接触发脚本命令，通常有添加到收藏夹、关闭窗口等脚本代码可以调用。

实例 6　创建脚本链接

打开 Kong.html 文件，给文本"关闭窗口"创建脚本链接，当单击其时，系统将弹出如图 4-24 所示的关闭提示对话框。

图 4-24 关闭提示对话框

脚本链接用于执行 JavaScript 代码或调用 JavaScript 函数，能够在不离开当前网页的情况下为浏览者提供有关的附加信息，还可在浏览者单击特定项时，执行计算、表单验证和其他处理任务。

 跟我学

1. **选中文本** 打开 Kong.html 文件，将文本"关闭窗口"选中。
2. **创建脚本超级链接** 如图 4-25 所示，在"属性"面板的"链接"文本框中输入"javascript: window.close()"。

图 4-25 "属性"面板

3. **预览** 保存并预览该网页，单击文本"关闭窗口"，将弹出如图 4-24 所示的信息提示对话框，单击"是"按钮，即可关闭窗口。

4.3 管理超级链接

管理超级链接是网站管理中不可或缺的一部分，通过超级链接可以使各个网页连接在一起，使网站中众多页面构成一个有机整体。通过管理网页中的超级链接，可以对网页进行相应管理，从而使网站运行得更加流畅。

4.3.1 自动更新超级链接

通过设置自动更新链接，当在本地站点内移动或重命名文档时，Dreamweaver 可自动更新指向该文档的链接。

跟我学

1. **打开网页** 在 Dreamweaver 软件中打开需要更新的超级链接的网页。
2. **设置自动更新** 选择"编辑"→"首选参数"命令，按图 4-26 所示操作，设置超级链接的自动更新。

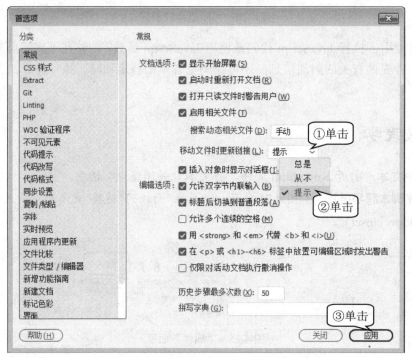

图 4-26 设置超级链接的自动更新

3. **运行效果** 当移动或重命名指定文档时，Dreamweaver 会自动更新或者显示一个对话框提示是否进行更新，单击"是"按钮。

4.3.2 设置超级链接显示效果

网站中有些超级链接有动态显示功能，当鼠标移动到该超级链接上时，超级链接的颜色会发生变化，单击访问后，超级链接颜色又发生变。这些都需要设置超级链接的显示效果。当然还可以设置超级链接文字的大小、颜色、是否有下画线等。

跟我学

1. **打开网页** 在 Dreamweaver 中打开需要设置的文字超级链接。
2. **设置超级链接属性** 选择"文件"→"页面属性"命令，选择"页面属性"，按图 4-27 所示操作，设置链接文字的大小、链接颜色及下画线样式等。

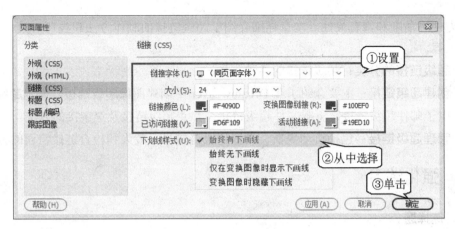

图 4-27　设置超级链接属性

4.3.3　检查链接错误

通常一个网站中有很多超级链接，在发布网页前需要对其进行测试，但如果对每个链接都进行手工测试，会费很多时间。Dreamweaver 提供了对整个站点的链接进行快速检查的功能。利用它可以找出超级链接的相关错误，以进行纠正和处理。

 跟我学

1. **打开网页**　在 Dreamweaver 中打开需要检查的网页。
2. **检查链接错误**　选择"站点"→"站点选项"→"检查站点范围的链接"命令，打开"链接检查器"面板，按图 4-28 所示操作，选择检查内容。

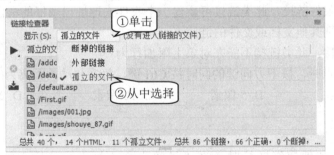

图 4-28　检查链接错误

4.4　小结和习题

4.4.1　本章小结

网络中的所有资源都是通过超级链接联系在一起的，利用好超级链接，可以让网页变得更加方便、清晰和富有灵性。本章详细介绍了超级链接的制作方法和技巧，具体包括以下主要内容。

- **超级链接的分类**：超级链接的各种类型。
- **创建超级链接**：主要介绍了在 Dreamweaver 中创建图像超级链接、文本超级链接、电子邮件超级链接、下载文件超级链接、热点超级链接及空链接的方法。
- **管理超级链接**：包括自动更新、设置超级链接显示效果和检查链接错误的方法。

4.4.2　强化练习

一、选择题

1. 要实现网页上如跳转到页首之类的链接，应该使用的方法是(　　　)。
    A. 表单 　　　　　　　　　　B. 选择"插入"→"超级链接"命令
    C. 标签 　　　　　　　　　　D. 选择"插入"→"图片"命令
2. 添加空链接时，应选中对象，并在"链接"文本框中输入(　　　)。
    A. *　　　　B. javascript　　　C. javascript;　　　　　D. javascript:;
3. 设置超级链接属性时，目标窗口设置为_blank，表示的是(　　　)。
    A. 会打开一个新的浏览器窗口来打开链接文档
    B. 在当前窗口的父窗口中打开链接
    C. 在当前窗口中打开链接文档
    D. 在整个浏览器窗口中打开链接的文档
4. 关于在一个文档中可以创建的链接类型，下列说法错误的是(　　　)。
    A. 命名热点链接，此类链接可跳转至文档中的指定位置
    B. 电子邮件链接，此类链接可新建一个收件人地址已填好的空白电子邮件
    C. 链接到其他文档或文件的链接
    D. 空链接，此类链接不能在对象上附加行为
5. 在移动热点时，按下方向键的同时按 Ctrl 键，每次移动的距离为(　　　)。
    A. 1 像素　　　　　　B. 5 像素　　　　　　C. 10 像素　　　　　　D. 20 像素

二、判断题

1. 设置电子邮件超级链接时，在"链接"文本框中直接输入邮箱地址即可，如 teacher@163.com。　　　　　　　　　　　　　　　　　　　　　　　　(　　)
2. 使用根目录相对路径时，以"\"开头。　　　　　　　　　　　　　　　(　　)
3. 超级链接创建后无法删除或更改。　　　　　　　　　　　　　　　　　(　　)
4. 创建超级链接的对象可以是文本、图像、图像的某一部分。　　　　　　(　　)
5. 在浏览器中单击电子邮件链接后，会启动浏览器。　　　　　　　　　　(　　)

第 5 章

使用 CSS 样式美化网页

　　制作出一个美观、大方、简洁的页面和高访问量的网站，是网页设计者的追求。然而，仅通过 HTML 实现是非常困难的，HTML 仅定义了网页结构，对于文本样式没有过多涉及。这就需要一种能对网页布局、字体、颜色、背景和其他图文效果的实现进行有效控制的技术。

　　采用 CSS 技术制作网页，能对网页的页面布局、字体、颜色、背景等实现精准的控制。本章将通过实例，介绍使用 CSS 样式美化网页的方法。

本章内容：
- 了解 CSS 基础知识
- 学习 CSS 样式代码
- 使用 CSS 样式美化文本
- 使用 CSS 样式美化页面

5.1 了解 CSS 基础知识

CSS(Cascading Style Sheet)的语法简单，编写较容易。应用 CSS 技术，可以减少程序代码数量，能加快网页加载速度。熟练掌握 CSS 技术，可统一网站风格，让网页更容易维护。

5.1.1 初识 CSS 样式

使用 CSS 可以给网页文字设置不同的字体样式，即建立一个 CSS 规则。如果想改变整个网页上所有出现的颜色、尺寸、字体，只需要修改一些 CSS 规则即可。CSS 文件是纯文本格式文件，使用"记事本"程序可手工编辑 CSS 文件。

实例1　制作段落标题

本实例要求简单，使用<h1>创建一个段落标题，然后使用 CSS 样式对标题进行修饰。可以从颜色、尺寸、字体、背景、边框等方面入手。完成后，制作段落标题的效果如图 5-1 所示。

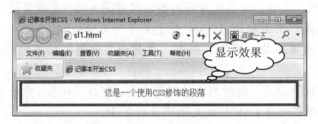

图 5-1　制作段落标题的效果

使用"记事本"程序编辑 CSS 与 HTML 文档基本一样。首先需要打开一个"记事本"窗口，然后输入相应的 CSS 代码即可。

 跟我学

1. **输入 HTML 代码**　选择"开始"→"所有程序"→"记事本"命令，打开"记事本"程序，按图 5-2 所示操作，输入 HTML 代码后将文件保存为"段落标题.txt"。

图 5-2　输入 HTML 代码

2. **添加样式**　按图 5-3 所示操作，在 head 标记中间添加 CSS 样式代码。从窗口中可以看出，在 head 标记中间，添加了一个 style 标记，即 CSS 样式标记。

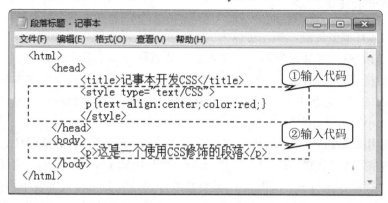

图 5-3　添加 CSS 样式

3. **修改文件扩展名**　选择 "段落标题.html" 文件，按图 5-4 所示操作，将文件名更改为 sl1.html。

图 5-4　更改文件扩展名

4. **运行网页文件**　双击 sl1.html 文件，使用 IE 浏览器打开网页文件，可以看到段落在网页中以红色字体显示。

 知识库

1. HTML 的缺点

随着 Internet 的不断发展，对网页效果的要求也越来越强烈，只依赖 HTML 标记样式已经不能满足网页设计者的需求，其表现在如下几个方面。

- 维护困难：为了修改某个特殊标记格式，需要花费很多时间，尤其对整个网站而言，后期修改和维护成本较高。
- 标记不足：HTML本身标记非常少，很多标记都是为网页内容服务的，而关于内容样式标记，如文字间距、段落缩进，很难在HTML中找到。
- 网页过于 "臃肿"：由于没有对各种风格样式进行控制，HTML页面往往体积过大，占用很多宝贵的宽度。

- 定位困难：在整体布局页面时，HTML对于各个模块的位置调整显得捉襟见肘，过多的table标记将会导致页面的复杂和后期维护的困难。

2. CSS 样式的优点

CSS 样式具有很多优点，如，可以大大缩减页面代码，提高页面浏览速度，缩减带宽成本；CSS 结构清晰，容易被搜索引擎搜索到。其表现在如下几个方面。

- 丰富的样式定义：CSS 提供了丰富的文档样式外观，可以设置文本和背景属性；允许为任何元素创建边框，设置元素边框与其他元素间的距离；允许随意改变文本的大小写方式、修饰方式等效果。
- 易于使用和修改：CSS 可将样式定义在 HTML 元素的 style 属性中，也可定义在 header 部分，还可写在一个专门的 CSS 文件中(即 CSS 样式表)，将所有的样式声明统一存放，进行统一管理。如果要修改样式，只需在样式列表中修改。
- 多页面应用：CSS 样式表可以单独存放在一个 CSS 文件中，这样可以在多个页面中使用同一个 CSS 样式表。CSS 样式表理论上不属于任何页面文件，在任何页面文件中都可以将其引用，这样可以实现多个页面风格的统一。
- 层叠：就是对一个元素多次设置同一个样式，这将使用最后一次设置的属性值。这些后来定义的样式将对前面的样式设置进行重写，在浏览器中看到的将是最后面设置的样式效果。
- 页面压缩：在使用HTML定义页面时需要大量或重复的表格和各种规格的文字样式，这样做的后果就是会产生大量的HTML标签，从而使页面文件的大小增加。而使用CSS可以大大地减小页面体积，在加载页面时可使速度得到提升。

5.1.2 编写 CSS 样式

随着 Internet 的发展，越来越多的开发人员开始使用功能更多、界面更友好的专用 CSS 编辑器，如 Dreamweaver 的 CSS 编辑器和 Visual Studio 的 CSS 编辑器，这些编辑器有语法着色，带输入提示，甚至有自动创建 CSS 的功能。

实例 2　制作欢迎标题

Dreamweaver 最大的特点是所见即所得。它可以自动生成源代码，大大提高网页开发人员的工作效率。下面就使用 Dreamweaver 软件制作欢迎标题，其效果如图 5-5 所示。

图 5-5　欢迎标题网页效果

跟我学

1. **创建 HTML 文档**　运行 Dreamweaver 软件，选择"文件"→"新建"命令，在弹出的"新建文档"对话框中，按图 5-6 所示操作，输入标题，创建 HTML 文档。

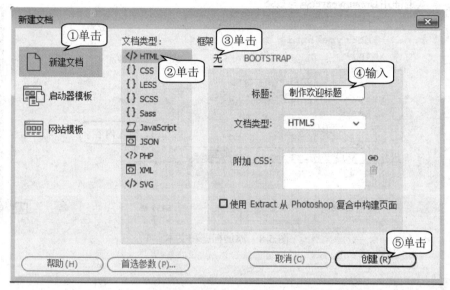

图 5-6　创建 HTML 文档

2. **选择工作模式**　按图 5-7 所示操作，进行水平拆分。

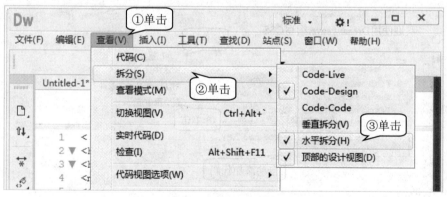

图 5-7　选择工作模式

3. **添加文本**　按图 5-8 所示操作，添加 HTML 代码，为网页添加文本。

4. **添加 CSS 样式**　选择"窗口"→"显示面板"命令，按图 5-9 所示操作，在"CSS 设计器"面板中选择"在页面中定义"选项，添加 CSS 样式代码。

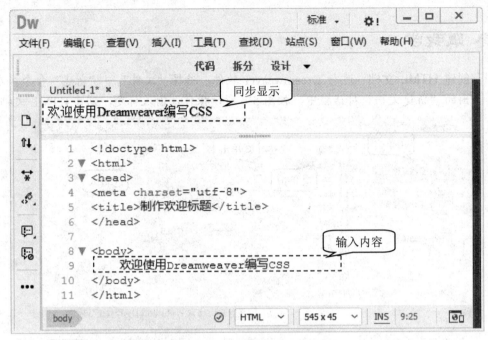

图 5-8　添加标题和文本

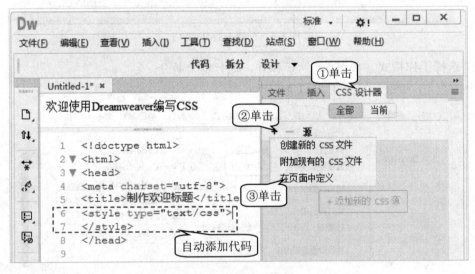

图 5-9　添加 CSS 样式

5. **定义文本规则**　按图 5-10 所示操作，设置文本规则，Dreamweaver 自动添加代码。

6. **引用 CSS 样式**　在代码模式中，按图 5-11 所示操作，分别在"欢迎使用 Dreamweaver
编写 CSS"文本前后添加\<P\>、\</p\>标签，完成段落 p 样式的引用。

7. **保存文件**　单击"文件"→"保存"命令，保存文件，文件名为 sl2.html。

8. **测试运行**　在 IE 浏览器中预览该网页，其显示效果如图 5-5 所示。

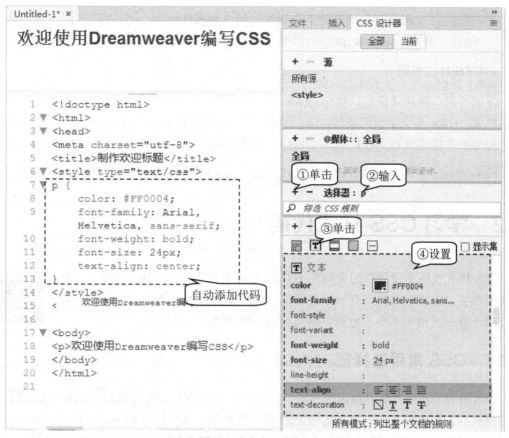

图 5-10　定义文本规则

图 5-11　引用 CSS 样式

 知识库

1. CSS 语法格式

CSS 样式表由若干条样式规则组成，这些样式规则可以应用到不同的元素或文档中来定义它们显示的外观。每一条样式规则都由选择符(selector)、属性(properties)和属性值(value)3 部分组成，基本格式如下。

- 选择符：selector 有多种形式，既可以是文档中的 HTML 标记，如<body>、<table>、<p>等，也可以是 XML 文档中的标记。
- 属性：properties 是选择符制定的标记所包含的属性。

● 属性值：value 是选择符的多个属性，属性和属性值为一组，组与组之间用分号(;)隔开，例如：selector{property1:value1;property2:value2;property3:value3;…}。

2. CSS 样式规则

下面给出一条样式规则，如 p{color:red}。该样式规则的选择符为 p，为段落标记<p>提供样式，color 为文字颜色属性，red 为属性值。此样式表示标记<p>指定的段落文字为红色。如果要为段落设置多种样式，则可以使用下列语句：

```
p{font-family "隶书"；color:red；font-size：40px；font-weight：bold}
```

5.2 学习 CSS 样式代码

CSS 样式代码不仅可以用来修饰 HTML 起到网页美化的作用，还便于以后的网页维护。CSS 样式代码有标签选择器、类选择器、ID 选择器等。每个选择器代码可以一次声明多个，也可以将选择器声明多个。

5.2.1 CSS 常用选择器

CSS 选择器(selector)也称为选择符，HTML 中的所有标记都是通过不同的 CSS 选择器进行控制的。选择器不只是 HTML 文档中的元素标记，还可以是类(class，不同于面向对象中的列)、ID(元素的唯一特殊名称，便于在脚本中使用)或 ID 选择器和元素的某种状态(如 a:link)。根据 CSS 选择符用途可把选择器分为标签选择器、类选择器、ID 选择器等。

1. 标签选择器

HTML 文档是由多个不同标记组成的，而 CSS 选择器就是声明这些标记采用的样式。例如，p 选择器，就是用于声明页面中所有<p>标签的样式风格。同样也可以通过 h1 选择器来声明页面中所有<h1>标记的风格。

(1) 格式

```
TagName{property:value}
```

其中，TagName 表示标记名称，如 p、h1 等 HTML 标记；property 表示 CSS 属性；value 表示 CSS 属性值。

(2) 用途

通过一个具体标记来命名，可以对文档中的标记出现的每一个地方应用样式定义。这种做法通常用于设置在整个网站中都会出现的基本样式。如图 5-12 所示的定义就用于为一个网站设置默认字体。

```
body, p, td, th, div, blockquote, dl, ul, ol{
        font-family：Tahoma,verdana,Arial,Helvetica,sans-serif;
        font-size:lem;
        color:#000000;
    }
```

图 5-12　定义网站设置默认字体代码

(3) 实例

新建记事本文件，输入下面的样式代码后，保存为.html 格式文件，使用 IE 浏览器查看效果，如图 5-13 所示，可以看到段落以蓝色字体显示，大小为 20px。

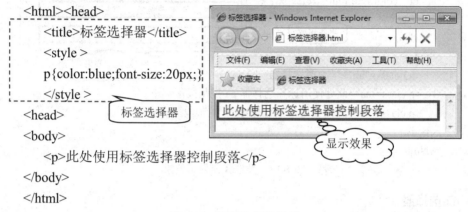

```
<html><head>
    <title>标签选择器</title>
    <style >
    p{color:blue;font-size:20px;}
    </style >
<head>
<body>
    <p>此处使用标签选择器控制段落</p>
</body>
</html>
```

图 5-13　标签选择器显示

2. 类选择器

在一个页面中，使用标签选择器会控制该页面中所有此标记的显示样式，如果需要将此类标记中的其中一个标记重新设定，此时仅使用标签选择器是不能达到效果的，还需要使用类(class)选择器。

(1) 格式

```
.classValue {property:value}
```

其中，classValue 是选择器的名称，具体名称由 CSS 制定者命名。如果一个标记具有 class 属性且 class 属性值为 classValue，那么该标记的呈现样式由该选择器指定。在定义类选择符时，需要在 classValue 前面加一个句点(.)表示标记名称，如 p、h1 等 HTML 标记；property 表示 CSS 属性；value 表示 CSS 属性值。

(2) 用途

下面定义了两个类选择器，分别为 rd 和 se。类的名称可以是任意英文字符串或是英文开头与数字的结合，一般情况下，使用其功能及效果的简要缩写如下。

```
.rd {color:red }
.se {font-size:3px }
```

(3) 实例

新建记事本文件，输入下面的样式代码后，保存为.html 格式文件，使用 IE 浏览器查看效果，如图 5-14 所示，可以看到第一段落以蓝色字体显示，大小为 20px；第二段以红色字体显示，大小为 22px；标题同样以红色字体显示，大小为 22px。

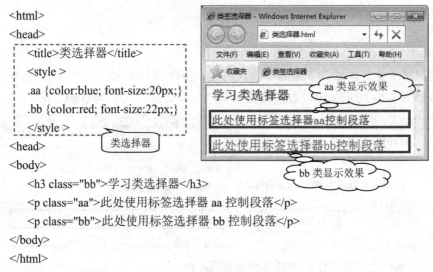

```
<html>
<head>
    <title>类选择器</title>
    <style >
    .aa {color:blue; font-size:20px;}
    .bb {color:red; font-size:22px;}
    </style >        类选择器
<head>
<body>
    <h3 class="bb">学习类选择器</h3>
    <p class="aa">此处使用标签选择器 aa 控制段落</p>
    <p class="bb">此处使用标签选择器 bb 控制段落</p>
</body>
</html>
```

图 5-14   类选择器显示效果

3. ID 选择器

ID 选择器与类选择器类似，都是针对特定属性的属性值进行匹配。ID 选择器定义的是某一个特定的 HTML 元素，一个网页文件中只能有一个元素使用某一 ID 的属性值。

(1) 格式

#idValue {property:value}

其中，#idValue 是选择器的名称，可以由 CSS 定义者自己命名。如果某标记具有 id 属性，并且该属性值为 idValue，那么该标记的呈现样式由该 ID 选择器制定。在正常情况下，id 属性值在文档中具有唯一性。

(2) 用途

定义 ID 选择器，如图 5-15 所示。在页面中，具有 ID 属性的标记才能够使用 ID 选择器定义样式，所以与类选择器相比，使用 ID 选择器具有一定的局限性。类选择器与 ID 选择器主要的区别有：类选择器可以给任意数量的标记定义样式，但选择器在页面的标记中只能使用一次；ID 选择器比较类选择器具有更高的优先级，即当 ID 选择器与类选择器发生冲突时，优先使用 ID 选择器。

```
#fontstyle
{
    color:red
    font-weight:bold;
    font-size:large
}
```

图 5-15　优先使用 ID 选择器

(3) 实例

新建记事本文件，输入下面的样式代码后，保存为.html 格式文件，使用 IE 浏览器查看效果，如图 5-16 所示，可以看到第一段落以红色字体显示；第二段以蓝色字体显示，大小为 22px；标题以红色字体显示，大小为 22px。

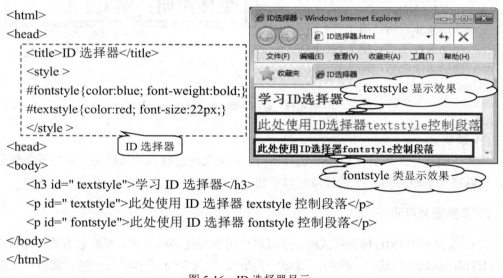

```
<html>
<head>
    <title>ID 选择器</title>
    <style >
    #fontstyle{color:blue; font-weight:bold;}
    #textstyle{color:red; font-size:22px;}
    </style >
<head>
<body>
    <h3 id=" textstyle">学习 ID 选择器</h3>
    <p id=" textstyle">此处使用 ID 选择器 textstyle 控制段落</p>
    <p id=" fontstyle">此处使用 ID 选择器 fontstyle 控制段落</p>
</body>
</html>
```

图 5-16　ID 选择器显示

5.2.2　CSS 选择器声明

使用 CSS 选择器可用来控制 HTML 标记样式,其中每个选择器属性可以一次声明多个,即创建多个 CSS 属性修饰 HTML 标记，实际上也可以将选择器声明多个，并且任何形式的选择器(如标记选择器、class 类选择器、ID 选择器)都是合法的。

1.集体声明

在一个页面中，有时不同种类的标记样式要保持一致。例如，p 标记和 h1 标记要保持一致，此时可以将 p 标记和 h1 标记共同使用类选择器，除了这个方法之外，还可以使用集体声明的方法。

(1) 实例

新建记事本文件，输入下面的样式代码后，保存为.html 格式文件，使用 IE 浏览器查看效果，如图 5-17 所示，可以看到网页上标题 1、标题 2 和段落都以红色字体加粗显示，并且大小为 20px。

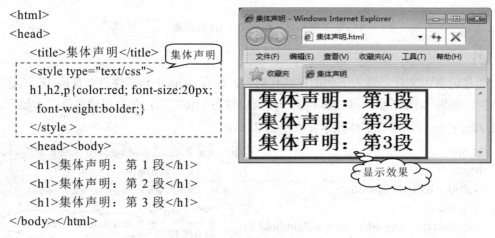

```html
<html>
<head>
    <title>集体声明</title>
    <style type="text/css">
    h1,h2,p{color:red; font-size:20px;
        font-weight:bolder;}
    </style >
<head><body>
<h1>集体声明：第 1 段</h1>
<h1>集体声明：第 2 段</h1>
<h1>集体声明：第 3 段</h1>
</body></html>
```

图 5-17　集体声明显示效果

(2) 说明

集体声明就是在声明各种 CSS 选择器时，如果某些选择器的风格完全相同或者部分相同，可以将风格相同的 CSS 选择器同时声明。

2. 多重嵌套声明

在 CSS 控制 HTML 标记样式时，还可以使用层层递进的方式，即嵌套方式，对制定位置的 HTML 标记进行修饰。例如，当<p>与</p>之间包含<a>和</a>标记时，就可以使用这种方式对 HTML 标记进行修饰。

(1) 实例

新建记事本文件，输入图 5-18 中所示的样式代码后，保存为.html 格式文件，使用 IE 浏览器查看效果，如图 5-18 所示，可以看到在段落中，超级链接显示为红色字体，大小为 30px，其原因是使用了嵌套声明。

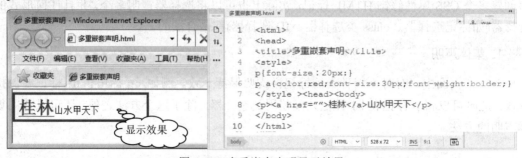

图 5-18　多重嵌套声明显示效果

(2) 说明

如上例，当<p>与</p>之间包含<a>和</a>标记时，就可以使用嵌套标记进行声明，表示 p 下面的 a 标记的 css 属性样式。同样的道理，不仅可以嵌套标记本身，类别选择器和 ID 选择器都可以进行嵌套，如.al p{color:red}表示对.al 中的 p 标记进行 css 属性样式修饰。

5.2.3　CSS 属性单位

若要使页面布局合理，就要精确安排各页面元素位置，而且页面颜色搭配协调及字体大小、格式规范等，都离不开 CSS 中用来设置基础样式的属性。通过设置 CSS 这些属性，能精确地布局、美化网页的各元素。

实例 3　制作古诗页面

使用 Dreamweaver 软件设计制作一个古诗欣赏页面。本实例使用 CSS 控制 HTML 标记创建古诗欣赏页面，效果如图 5-19 所示。

图 5-19　"古诗欣赏"网页

创建一个古诗欣赏页面，需要包含两个部分：一个是页面导航，用来表明网页类别；一个是内容部分，包括古诗标题和内容。创建页面的方法很多，可以用表格创建，也可以用列表创建，还可以使用段落创建。本实例在 Dreamweaver 软件中采用 p 标记结合 div 创建。

 跟我学

1. **构建 HTML 页面**　打开 Dreamweaver 软件，新建 HTML 文档，切换到"拆分"视窗模式，输入如图 5-20 所示的代码。
2. **浏览页面效果**　在 IE 浏览器中浏览页面效果，如图 5-21 所示。会看到一个标题、一个超级链接和 4 个段落，以普通样式显示，其布局只存在上下层次。

```
<html><head>
<title>古诗欣赏</title>
</head>
<body>
    <div class="big">
        <h2>古诗欣赏</h2>
        <div class="up">
            <a href="#">登鹳雀楼</a>
        </div class="down">
            <p>白  日  依  山  尽，</p>
            <p>黄  河  入  海  流。</p>
            <p>欲  穷  千  里  目，</p>
            <p>更  上  一  层  楼。</p>
    </div></div>
</body>
</html>
```

图 5-20　输入构建 HTML 页面的代码

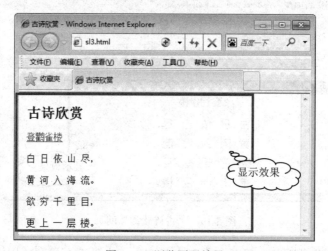

图 5-21　浏览页码效果

3. **修饰整体样式**　在<title>古诗欣赏</title>代码后按 Enter 键换行，输入下面的代码。在 IE 浏览器中浏览效果如图 5-22 所示，body 文档内容中的字体采用宋体，大小为 12px。内容和层之间空隙为 0，层与层之间空隙为 0。

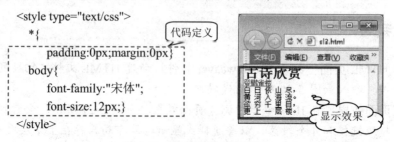

```
<style type="text/css">
    *{
        padding:0px;margin:0px}
    body{
        font-family:"宋体";
        font-size:12px;}
</style>
```

图 5-22　添加文本修饰标记

4. **添加文本边框**　在</style>代码后按 Enter 键换行，输入如图 5-23 所示的代码。在 IE 浏览器中浏览效果可看到全局层 Div 以边框显示，宽度为 400px，其颜色为鲜绿色。

```
.big{width:400px;
     border:#33CCCC 1px solid;}
```

图 5-23　输入添加文本边框的代码

5. **修饰标题文字**　在</style>代码后按 Enter 键换行，输入下面的代码。在 IE 浏览器中浏览效果如图 5-24 所示。可看到"古诗欣赏"会以矩形方框显示，背景为橄榄色，字体大小为 14px，行高为 18px。

```
h2{
    background-color:olive;
    display:block;
    width:400px;
    height:18px;
    line-height:18px;
    font-size:14px;}
```

图 5-24　修饰标题文字

6. **修饰正文文字**　在</style>代码后按 Enter 键换行，输入下面的代码。在 IE 浏览器中浏览效果如图 5-25 所示，可看到正文文字居中显示，段落之间间隙增大。

```
.up{ padding-bottom:10px;
     text-align:center;}
p{ line-height:30px;
   font-size:20px;
   text-align:center;}
```

图 5-25　修饰正文文字

7. **修饰超级链接**　在</style>代码后按 Enter 键换行，输入如图 5-26 所示的代码。在 IE 浏览器中浏览，可看到"登鹳雀楼"标题字体变大，并且加粗，无下画线显示；当鼠标放在此超级链接上，以红色字体显示，并且下面带有下画线。

```
a{font-size:16px;
  font-weight:800;
  text-decoration:none;
  margin-top:5px;
  display:block;}
a:hover{oclor:#ff0000;  text-decoration:underline;}
```

图 5-26　输入修饰超级链接的代码

8. **保存并预览**　保存 sl3.html 文件，并按 F12 键预览网页。

知识库

1. CSS 颜色单位

在 CSS 中有很多设置字体与背景的颜色参数的形式，包括命名颜色、RGB 颜色、十六进制颜色等。

(1) 命名颜色

CSS 中可以直接用英文单词命名与之相对应的颜色，这种方法的优点是简单、直接、容易掌握。此处预设了 16 种颜色及其衍生色，这 16 种颜色是 CSS 规范推荐的，而且一些主流的浏览器都能够识别它们。

(2) RGB 颜色

如果要使用十进制表示颜色，则需要使用 RGB 颜色。用十进制表示颜色，最大值为 255，最小值为 0。要使用 RGB 颜色，必须使用 rgb(R,G,B)，其中 R、G、B 分别表示红、绿、蓝的十进制值，通过这 3 个值的变化结合便可以形成不同的颜色。例如，rgb(255,0,0) 表示红色，rgb(0,255,0) 表示蓝色，rgb(0,0,0) 表示黑色，rgb(255,255,255) 表示为白色。

RGB 设置方法一般分为两种：百分比设置和直接用数值设置。例如，为 p 标记设置颜色，两种方法分别如下。

```
p{color:rgb(123,0,25)}
```

```
p{color:rgb(45%,0%,25%)}
```

(3) 十六进制颜色

十六进制颜色是最常用的定义方式，由 0～9 和 A～F 组成。十六进制颜色的基本格式为#RRGGBB。其中，R 表示红色，G 表示绿色，B 表示蓝色。而 RR、GG、BB 最大值为 FF，表示十进制中的 255；最小值为 00，表示十进制中的 0。例如，#FF0000 表示红色，#00FF00 表示绿色，#0000FF 表示蓝色，#000000 表示黑色，#FFFFFF 表示白色。其他颜色是通过红、绿、蓝 3 种基本颜色的结合而形成的。

2. CSS 长度单位

为保证页面元素能够在浏览器中完全显示并且布局合理，就需要设定元素间的间距和元素本身的边界等，这就离不开长度单位的使用。CSS 中，长度单位分为绝对单位和相对单位两类。

- 绝对单位：用于设定绝对位置，主要有英寸(in)、厘米(cm)、毫米(mm)、磅(pt)和 pica(pc)。其中，英寸是国外常用的度量单位；厘米用来设定距离比较大的页面元素框；毫米用来设定比较精确的元素距离和大小；磅一般用来设定文字的大小。
- 相对单位：指在度量时需要参照其他页面元素的单位值。使用相对单位所度量的实际距离可能会随着这些单位值的改变而改变。CSS 提供了 3 种相对单位：em、ex 和 px。其中 px 也叫像素，是目前使用最广泛的一种单位。

5.3　使用 CSS 样式美化文本

常见的网站、博客多采用文字或图片来展示内容，其中文字是传递信息的主要手段。而美观大方的网页，需要使用 CSS 样式修饰。设置文本样式是 CSS 技术的基本使命，CSS 对文本样式进行的修饰主要包括字体和段落属性。

5.3.1　设置字体属性

一个杂乱无序、堆砌而成的网页，会使人感觉枯燥无味，从而望而止步。而一个美观大方的网页，会让人流连忘返。使用 CSS 字体样式设置可使网页更加美观。

实例 4　设置文件通知页面

制作一个文件通知页面，包括标题和正文两个部分。结合前面章节介绍的 CSS 知识，对网页文字进行设置，效果如图 5-27 所示。

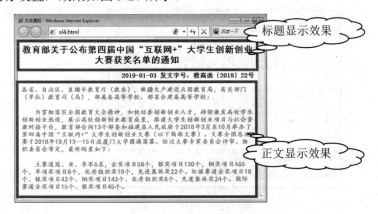

图 5-27　浏览文件通知页面

在网页的最上方显示出标题，标题下方是正文，其中正文部分是文字段落部分。在设计网页标题时，需要将网页标题加粗，并将网页居中显示，同时用大号字体显示标题，以便与下面正文区分。

 跟我学

1. **构建 HTML 页面**　运行 Dreamweaver 软件，新建 HTML 文档，切换到"拆分"视窗模式，输入如图 5-28 所示的代码和内容。

2. **浏览页面效果**　在 IE 浏览器中浏览页面效果如图 5-29 所示，会看到一个标题、一个落款和 3 个段落，以普通样式显示，其布局只存在上下层次。

3. **设置字体样式**　在"\<title\>新闻网页\</title\>"代码后按 Enter 键换行，输入如图 5-30 所示的代码。

```
<html><head><title>文件通知</title>
<body><div>   <h1> 教育部关于公布第四届中国"互联网+"大学生创新创业大
赛获奖名单的通知</h1>
   <h2> 2019-01-03   发文字号：教高函〔2018〕22 号 <h2></div></body><div>
   <p>各省、自治区、直辖市教育厅（教委），新疆生产建设兵团教育局，有关
部门（单位）教育司（局），部属各高等学校、部省合建各高等学校：</p>
   <p>为贯彻落实全国教育大会精神，加快培养创新创业人才，持续激发高校
学生创新创业热情，展示高校创新创业教育成果，搭建大学生创新创业项目与社会
资源对接平台，教育部会同 13 个部委和福建省人民政府于 2018 年 3 月至 10 月举办
了第四届中国"互联网+"大学生创新创业大赛（以下简称大赛）。大赛全国总决赛
于 2018 年 10 月 13—15 日在厦门大学圆满落幕。经过大赛专家委员会评审、组织委
员会审定，最终结果如下：</p>
   <p>主赛道冠、亚、季军 6 名，金奖项目 58 个，银奖项目 130 个，铜奖项目
465 个，单项奖项目 8 个，优秀组织奖 10 个，先进集体奖 22 个。红旅赛道金奖项目
18 个、银奖项目 42 个、铜奖项目 143 个、优秀组织奖 8 个、先进集体奖 24 个。国
际赛道金奖项目 15 个、银奖项目 45 个。</p></div></body></html>
```

图 5-28   输入构建 HTML 文档的代码和内容

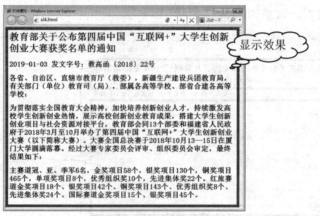

图 5-29   浏览页面效果

```
<style type="text/css">
          h1{text-align:center;
             font-family:黑体;
             font-size:25px;
             color:blue;}
          h2{text-align:right;
             font-size:15px;}
          p{text-align:left;
             font family:楷体;
             font-size:15px;
             color:gray;}
          </style>
```

图 5-30   输入设置字体样式的代码

4. **添加首行缩进**　按图 5-31 所示操作，分别在正文部分的 3 个段落首行插入空格，让段落首行缩进 2 个字符位置。

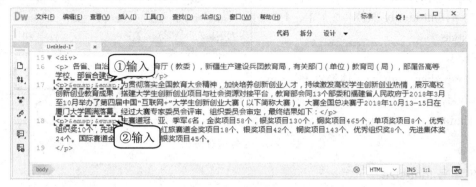

图 5-31　添加首行缩进

5. **浏览文件通知**　将网页命名为 sl4.html 并保存，使用 IE 浏览器，可看到设置字体属性格式后的页面效果。

知识库

1. 字体 font-family

font-family属性用于制定文字字体类型，如宋体、黑体、隶书等，即在网页中展示字体不同的形状。

(1) 格式

```
{font-family:name}
{font-family:cursive | fantasy | monospace | serif|sans-serif}
```

从语法格式上可以看出，font-family 有两种声明方式。第一种方式是使用 name 字体名称，按优先顺序排列，以逗号隔开，如果字体名称包含空格，则应使用引号括起。在 CSS 中，比较常用的就是这种声明方式。第二种方式是使用所列出的字体序列名称，如果使用 fantasy 序列，将提供默认字体序列。

(2) 实例

新建记事本文件，输入下面的样式代码后，保存为.html 格式文件，使用 IE 浏览器查看效果，如图 5-32 所示，可以看到文字居中并以黑体显示。

(3) 说明

在字体显示时，如果指定了一种特殊字体类型，而在浏览器或者操作系统中该类型不能正确获取，则可以通过 font-family 预设多种字体类型。font-family 属性可以预置多个供页面使用的字体类型，即字体类型序列，其中每种字体之间使用逗号隔开。如下面的代码，当前面的字体类型不能正确显示时，系统将自动选择后一种字体类型，以此类推。

```
p { font-family:华文彩云，黑体，宋体 }
```

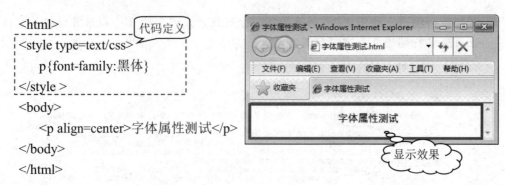

图 5-32　字体属性测试

2. 字号 font-size

通常一个网页中标题使用较大的字体显示，用于引人注意，小字体用来显示正常内容，大小字体结合形成网页，既吸引眼球，又提高阅读速度。在 CSS 中，通常使用 font-size 设置文字大小。

(1) 格式

{ font-size:数值 | inherit | xx-small | x-small |small | medium | large |…}

从语法格式上可以看出，font-size 通过数值来定义字体大小，如 font-size:10px 表示定义的字体大小为 10px。还可以通过 medium 等参数定义字体的大小。

(2) 实例

新建记事本文件，输入下面的样式代码后，保存为.html 格式文件，使用 IE 浏览器查看效果，如图 5-33 所示。可以看到网页中文字被设置成不同的大小，其设置方法采用了绝对值、关键字和百分比等形式。

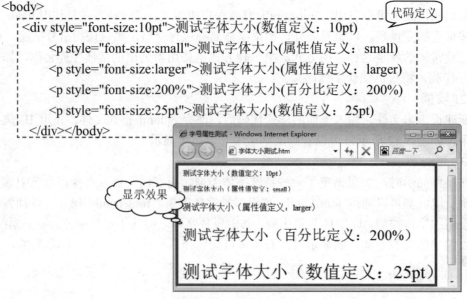

图 5-33　字号属性测试

(3) 说明

在上面的例子中，font-size 字体大小为 200%时，其比较对象是上一级标签中的 10pt。同样，还可以使用 inherit 值，直接继承上一级标记的字体大小，如图 5-34 所示。

```
<div style="font-size:50pt">第一段标记
    p { style="font-size:inherit">继承第一段字体大小</p>
</div>
```

图 5-34　继承上一级标记的字体大小

3. 字体风格 font-style

在 CSS 中，通常使用 font-style 定义字体风格，即字体的显示样式，如斜体。

(1) 格式

{ font-style: normal | italic | oblique | inherit}

从语法格式上可以看出，font-style 属性值有 4 个，具体如表 5-1 所示。

表 5-1　font-style 的属性值及含义

属性值	含　义	属性值	含　义
normal	默认值，显示一个标准的字体样式	italic	斜体的字体样式
oblique	倾斜的字体效果	inherit	从父元素继承字体样式

(2) 实例

新建记事本文件，输入下面的样式代码后，保存为.html 格式文件，使用 IE 浏览器查看效果。如图 5-35 所示，可以看到网页中的文字分别显示为不同的样式。

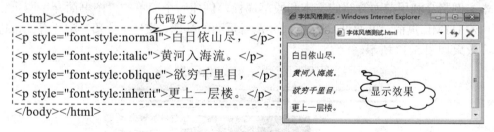

图 5-35　字体风格测试

4. 字体加粗 font-weight

通过设置字体粗细，可以使文字显示不同的外观。在 CSS 中，通常使用 font-weight 定义字体的粗细程度。

(1) 格式

{ font-weight:100-900 | bold | bolder | lighter | normal;}

font-weight 属性有 13 个有效值，分别是 bold、bolder、lighter、normal、100～900。如果没有设置该属性，则使用默认值 normal。属性值设置为 100～900，值越大，加粗的程度就越高。font-weight 的主要属性值及含义如表 5-2 所示。

表 5-2　font-weight 的主要属性值及含义

属性值	含　义	属性值	含　义
bold	定义粗体字体	bolder	定义更粗的字体，相对值
lighter	定义更细的字体，相对值	normal	默认，标准字体

(2) 实例

新建记事本文件，输入下面代码后，保存为.html 格式文件，使用 IE 浏览器查看效果。如图 5-36 所示，网页中文字居中并以不同的方式加粗，其中使用了关键字和数值加粗。

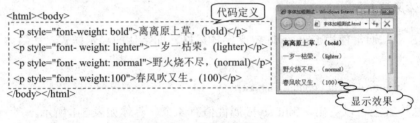

图 5-36　字体加粗测试

5.3.2　设置段落属性

网页由文字组成，而用来表达同一个含义的多个文字组合称为段落。段落是文章的基本单位，同样也是网页的基本单位。段落的放置与效果的显示会直接影响页面的布局及风格。CSS 样式表提供了文本属性来实现对页面中段落文本的控制。

实例 5　制作图书简介

本实例将会利用前面介绍的文本和段落属性，创建一个简单的"图书简介"网页。首先要构建 HTML 页面，再通过 CSS 样式分别对页面的标题、文字、段落、图片等元素进行美化，效果如图 5-37 所示。

图 5-37　"图书简介"网页效果图

在网页的最上方显示出标题，标题下方是正文，在正文部分显示图片。在设计网页标题时，其方法与上一节相同。上述制作要求使用 CSS 样式属性实现。

 跟我学

1. **构建 HTML 页面**　运行 Dreamweaver 软件，新建 HTML 文档，切换到"拆分"视窗模式，输入如图 5-38 所示的代码和内容。

> \<html\>\<body\>\<div\>　　\<h1\>Scratch 创意编程趣味课堂\</h1\>
> 　\<h2\>清华大学出版社　2019 年 02 月 01 日　8:00\</div\>
> 　\<h3\>\<img src="tp.jpg" /\>\</h3\>　　\<div class=suojin\>
> 　　　\<p\>Scratch 是目前流行的少儿编程工具，它不仅易于使用，又能够寓教于乐，让孩子们充分获得创作的乐趣。　\</p\>
> 　　　\<p\>《Scratch 创意编程趣味课堂》共分 8 章内容，从易到难，从基础到综合实战，详细讲解了 Scratch 创意编程知识。本书假设读者从未接触过编程，从零基础开始帮助读者逐步建立起 Scratch 编程的知识体系。\</p\>
> 　　　\<p\>《Scratch 创意编程趣味课堂》适合 6 岁以上的读者学习计算机编程，也适合希望辅导孩子进行编程训练的家长和少儿编程培训机构的教师使用。\</p\>
> 　　\</div\>\</body\>\</html\>

图 5-38　输入构建 HTML 页面的代码和内容

2. **浏览页面效果**　在 IE 浏览器中浏览页面效果，如图 5-39 所示。会看到一个标题、一个落款、一张图片和三个段落，以普通样式显示，其布局只存在上下层次。

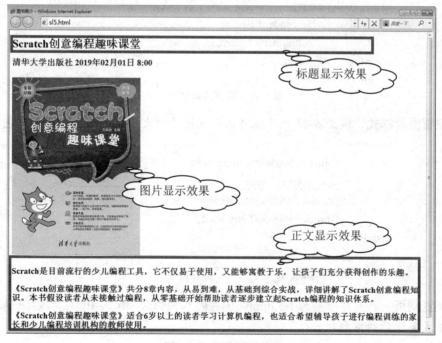

图 5-39　浏览页面效果

3. **设置字体样式** 在<html>代码后按 Enter 键换行，输入如图 5-40 所示的代码，设置字体样式。

```
<head>
<meta charset="utf-8">
<title>图书简介</title>
<style type="text/css">
    h1{text-align:center;
        font-family:黑体;
        font-size:25px;}
    h2{text-align:center;
        font-size:15px;}
    h3{text-align:center;}
</style>
```

输入 CSS 代码

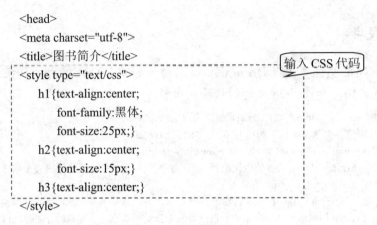

图 5-40 设置字体样式

4. **设置段落样式** 按图 5-41 所示操作，添加 CSS 代码，设置正文文字的段落样式。

```
......
    p{
    text-align:left;
    font-family:楷体;
    font-size:15px;
    color:gray;}
    .suojin{text-indent:10mm;
              line-height:5mm;}
</style>
......
```

输入 CSS 代码

图 5-41 设置段落样式

5. **设置图片样式** 按图 5-42 所示操作，设置图片的大小，并为图片添加黑色边框。

```
......
    .suojin{text-indent:10mm;
      line-height:5mm;}
    img{width:368;height:530;
        border:#000000 3px solid;}
</style>
......
```

输入 CSS 代码

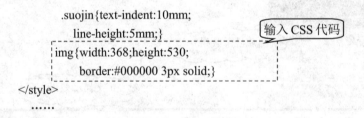

图 5-42 设置图片样式

6. **浏览网页** 将网页命名为 ls5.html，保存到本次磁盘。使用 IE 浏览器，可看到设置格式美化后的页面效果。

知识库

1. 字符间隔 letter-spacing

在一个网页中，会涉及多个字符文本，将字符文本之间的间距设置与词间距间隔保持一致，进而保持页面的整体行，是网页设计者必须考虑的。词与词之间可以通过 letter-spacing 进行设置。

(1) 格式

letter-spacing:normal | length

在 CSS 中，可以通过 letter-spacing 设置字符文本之间的距离，即在文本字符之间插入多少空间。这里允许使用负值，使字母之间更加紧凑。letter-spacing 的属性值及含义如表 5-3 所示。

表 5-3　letter-spacing 的属性值及含义

属　性　值	含　　　义
normal	默认间隔，即以字符之间的标准间隔显示
length	由浮点数字和单位标识符组成的长度值，允许为负值

(2) 实例

新建记事本文件，输入下面的样式代码后，保存为 .html 格式文件，使用 IE 浏览器查看效果。如图 5-43 所示，可以看到文字间距以不同的大小显示。

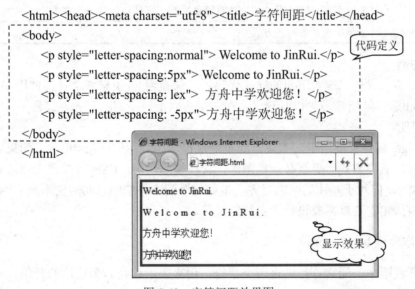

```
<html><head><meta charset="utf-8"><title>字符间距</title></head>
<body>                                              代码定义
    <p style="letter-spacing:normal"> Welcome to JinRui.</p>
    <p style="letter-spacing:5px"> Welcome to JinRui.</p>
    <p style="letter-spacing: lex"> 方舟中学欢迎您！</p>
    <p style="letter-spacing: -5px">方舟中学欢迎您！</p>
</body>
</html>
```

图 5-43　字符间距效果图

(3) 说明

从上述代码中可以看出，通过 letter-spacing 定义了多个字间距的效果。特别注意，当设置的字间距是 -5px 时，所有文字会压缩、重叠到一起，无法完整显示。

2. 水平对齐 text-align

一般情况下，居中对齐适用于标题类文本，其他对齐方式可以根据页面布局来选择使用。根据需要，可以设置多种对齐方式，如水平方向的居中、左对齐、右对齐和两端对齐等。在 CSS 中，可以通过 text-align 属性进行设置。

(1) 格式

```
{ text-align:stextalign}
```

text-align 属性用于定义对象文本的对齐方式，text-align 的属性值及含义如表 5-4 所示。

表 5-4　text-align 的属性值及含义

属　性　值	含　　　义
start	文本向行的开始边缘对齐
end	文本向行的结束边缘对齐
left	文本向行的左边缘对齐
right	文本向行的右边缘对齐
center	文本在行内居中对齐
justify	文本根据 text-justify 的属性设置方法分散对齐，即两端对齐，均匀分布
match-parent	继承父元素的对齐方式，但有个例外：继承的 start 或者 end 值是根据父元素的 direction 值进行计算的，因此计算的结果可能是 left 或者 right
<string>	string 是一个字符，否则就忽略此设置，按指定的字符进行对齐。此属性可以与其他关键字词同时使用，如果没有设置字符，则默认值是 end 方式
inherit	继承父元素的对齐方式

(2) 实例

新建记事本文件，输入下面的样式代码后，保存为.html 格式文件，使用 IE 浏览器查看效果。如图 5-44 所示，可以看到文字在水平方向上以不同的对齐方式显示。

(3) 说明

text-align 属性只能用于文本块，而不能直接应用到图像标记<img>。如果要使图像同文本一样应用对齐方式，那么必须将图像包含在文本块中。CSS 只能定义两端对齐方式，并按要求显示，但对于具体的两端对齐文本如何分配字体空间以实现文本左右两边均对齐，CSS 并没有规定。这就需要设计者自行定义了。

3. 文本缩进 text-indent

在普通段落中，通常首行缩进两个字符，用来表示这是一个段落的开始。同样在网页的文本编辑中可以通过制定属性，来控制文本缩进。CSS 的 text-indent 属性就是用来设定文本块首行缩进的。

(1) 格式

```
text-indent: length
```

```
<html><head><meta charset="utf-8"><title>水平对齐</title></head>
<body><h1 style=text-align:center>望天门山</h1>
    <h3 style=text-align:left> 选自：</h3>
    <h3 style=text-align:right>唐诗三百首</h3>
    <p style=text-align:justify>此诗是唐代伟大诗人李白于开元十三年(725)赴江东
途中行至天门山时所创作的一首七绝。此诗描写了诗人舟行江中顺流而下远望天门山
的情景。</p>
    <p style=text-align:strat>天门中断楚江开，碧水东流至此回。</p>
    <p style=text-align:end>两岸青山相对出，孤帆一片日边来。</p>
    </body>
</html>
```

代码定义

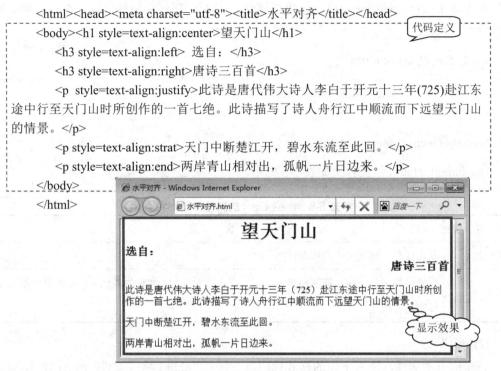

图 5-44　不同水平对齐方式显示

其中，length属性值表示由百分比数字或由浮点数和单位标识符组成的长度，允许为负值。

(2) 实例

新建记事本文件，输入下面的样式代码后，保存为.html 格式文件，使用 IE 浏览器查看效果。如图 5-45 所示，可以看到文字以首行缩进方式显示。

```
<html><head><meta charset="utf-8"><title>文本缩进</title></head>
<body>
    <p style="text-indent:10mm">第一行定义长度(10mm)，进行缩进。</p>
    <p style="text-indent:20%">第二行使用百分比(20%)，进行缩进。</p>
    </body>
</html>
```

代码定义

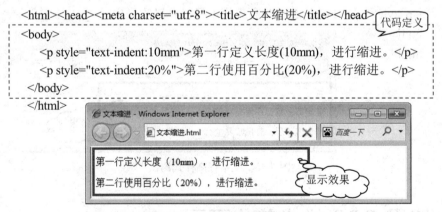

图 5-45　文本缩进样式缩进

(3) 说明

从上面的例子可以看出，text-indent 属性可以定义为两种缩进方式，一种是直接定义缩进的长度，另一种是定义缩进百分比。如果上级标记定义了 text-indent 属性，那么子标记

可以继承其上级标记的缩进长度。使用该属性，HTML 任何标记都可以让首行以给定的长度或百分比缩进。

4．文本行高 line-height

在 CSS 中，通常使用 line-height 设置行间距，即行高。

(1) 格式

line-height:normal | length

line-height 的属性值及含义如表 5-5 所示。

表 5-5　line-height 的属性值及含义

属 性 值	含 义
bold	默认行高，网页文本的标准行高
length	百分比数字或由浮点数字和单位标识符组成的长度值，允许为负值。百分比取值是基于字体的高度尺寸

(2) 实例

新建记事本文件，输入下面的样式代码后，保存为.html 格式文件，使用 IE 浏览器查看效果，如图 5-46 所示。

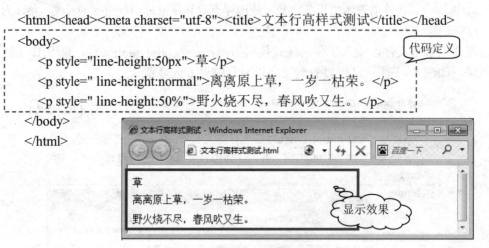

```
<html><head><meta charset="utf-8"><title>文本行高样式测试</title></head>
<body>
    <p style="line-height:50px">草</p>
    <p style=" line-height:normal">离离原上草，一岁一枯荣。</p>
    <p style=" line-height:50%">野火烧不尽，春风吹又生。</p>
</body>
</html>
```

图 5-46　文本行高样式测试

5.4　使用 CSS 样式美化页面

CSS 样式不仅可以规范网页中的文字，还可以规范定义和美化网页中的图片、背景、边框等其他元素。使用 CSS 样式，可以轻松设置图片属性、设置页面背景、添加边框，使网页变得更加生动、活泼。

5.4.1　设置图片样式

一个网页中的内容如果都是文字，难免会有些单调，时间长了会使浏览者感觉枯燥，而一张恰如其分的图片，则会给网页带来许多生趣。图片是直观、形象的，一张好的图片会给网页带来很高的点击率。在 CSS 中，定义了很多属性用来美化和设置图片。

实例 6　制作新闻网页

在各大网站中，点击率最高的就是新闻。新闻格式要求简洁明了，文字表达清楚，配上图片更是图文并茂。对于网页新闻排版，可根据其新闻内容进行制作。本实例将介绍如何配合图片，设计制作新闻的网页版面，效果如图 5-47 所示。

在本实例中，如果要显示一句话新闻，需要包含两个部分，一个是新闻标题，一个是新闻内容，新闻内容可以是图片和段落文字。

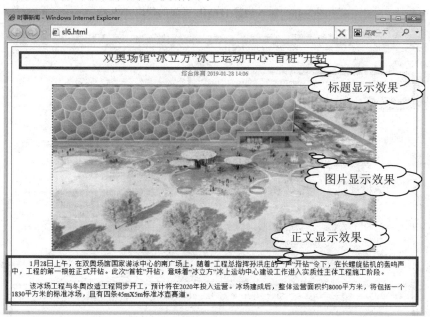

图 5-47　新闻页面

跟我学

1. **构建 HTML 页面**　打开 Dreamweaver 软件，新建 HTML 文档，切换到"拆分"视窗模式，输入如图 5-48 所示的代码和内容。
2. **浏览页面效果**　在 IE 浏览器中浏览页面效果，如图 5-49 所示。会看到一个标题、一张图片和两个段落，以普通样式显示，其布局只存在上下层次。

```
<!doctype html>
<html><head><meta charset="utf-8">
<title>时事新闻</title>
<style></style></head>
<body><div><div>
    <p>双奥场馆"冰立方"冰上运动中心"首桩"开钻</p>
    <p>综合体育    2019-01-28 14:06 </p></div>
<div>   <p align=center>    <img src=tp.jpg border=1> </p>
    <p>1 月 28 日上午，在双奥场馆国家游泳中心的南广场上，随着工程总指挥孙
洪庄的一声"开钻"令下，在长螺旋钻机的轰鸣声中，工程的第一根桩正式开钻。此
次"首桩"开钻，意味着"冰立方"冰上运动中心建设工作进入实质性主体工程施工
阶段。</p>
    <p>该冰场工程与冬奥改造工程同步开工，预计将在 2020 年投入运营。冰场建
成后，整体运营面积约 8000 平方米，将包括一个 1830 平方米的标准冰场，且有四条
45mX5m 标准冰壶赛道。</p>
</div></div></body></html></html>
```

图 5-48　输入构建 HTML 页面的代码和内容

图 5-49　浏览页面效果

3. **修饰整体效果**　按图 5-50 所示操作，插入标签代码，为页面内容设置边框，将段
落、图片进行包围。

4. **设置正副标题**　按图 5-51 所示操作，插入标签代码，修饰正标题和副标题的字体、
段落格式。

5. **修饰图片**　按图 5-52 所示操作，插入标签代码，为网页中的图片设置不同的边框
显示样式。

……
```
<style>
    .da{border:#0033FF 1px solid;}
</style>
</head>
<body>
<div class=da>
<div>
        <p>双奥场馆"冰立方"冰上运动中心"首桩"开钻</p>
……
</body></html></html>
```

输入代码

输入代码

图 5-50　修饰整体效果

……
```
<style>
    .da{border:#0033FF 1px solid;}
    .bt1{color:blue;font-size:25px;text-align:center}
    .bt2{color:gray;font-size:13px;text-align:center}
</style>
</head>
<body>
<div class=da>
<div>
    <p class=bt1>双奥场馆"冰立方"冰上运动中心"首桩"开钻</p>
    <p class=bt2>综合体育　2019-01-28 14:06 </p>
……
```

输入代码

输入代码

图 5-51　设置正副标题

……
```
<style>
    .da{border:#0033FF 1px solid;}
    .bt1{color:blue;font-size:25px;text-align:center}
    .bt2{color:gray;font-size:13px;text-align:center}
    img{border-top-style:solid;border-right-style:dashed;border-bottom-style:solid;
    border-left-style:dashed;}
</style>
……
```

输入代码

图 5-52　修饰图片边框

6. **修饰段落**　按图 5-53 所示操作，插入 CSS 代码，修饰正文文字的段落格式。最后保存网页文件，并通过浏览器查看网页效果。

······

```
<div>
        <p align=center><img src=caihai.jpg ; border
```
输入代码

```
        <p style="text-indent:10mm;font-size:15px;">1 月 28 日上午，在双
```
奥场馆国家游泳中心的南广场上，随着工程总指挥孙洪庄的一声"开钻"
令下，在长螺旋钻机的轰鸣声中，工程的第一根桩正式开钻。此次"首桩"
开钻，意味着"冰立方"冰上运动中心建设工作进入实质性主体工程施工
阶段。</p>

输入代码

```
        <p style="text-indent:10mm;font-size:15px;"> 该冰场工程与冬奥
```
改造工程同步开工，预计将在 2020 年投入运营。冰场建成后，整体运营
面积约 8000 平方米，将包括一个 1830 平方米的标准冰场，且有四条
45mX5m 标准冰壶赛道。</p></div></div>

······

图 5-53　修饰段落

7. 浏览网页　将网页命名为 ls6.html，保存到本次磁盘。使用 IE 浏览页面效果。

知识库

1. 图片边框样式

在网页中放置一张图片，可以使用<img>标记。当图片显示之后，其边框是否显示，可以通过 img 标记中的描述 border 来设定。通过 HTML 标记设置图片边框，其边框显示都是黑色，并且风格比较单一，唯一能够设定的就是边框的粗细，而无法对边框样式进行设定。这时可以采用 CSS 对边框样式进行美化。

(1) 格式

```
<img src="tupian.jpg" border="3">
```

在 CSS 中，使用 border-style 属性定义边框样式，即边框风格，如可以设置边框风格为点线式边框(dotted)、破折线式边框(dashed)、直线式边框(solid)、双线式边框(double)等。

(2) 实例

新建记事本文件，输入下面的样式代码后，保存为.html 格式文件，使用 IE 浏览器查看效果。如图 5-54 所示，可以看到网页显示了两张图片，其边框分别为 dotted 和 double。

2. 缩放图片

网页上显示一张图片时，默认情况下都是以图片的原始大小显示。如果要对网页进行排版，通常情况下，还需要对图片大小进行重新设定。对于图片大小的设定，可以采用以下 3 种方式完成。

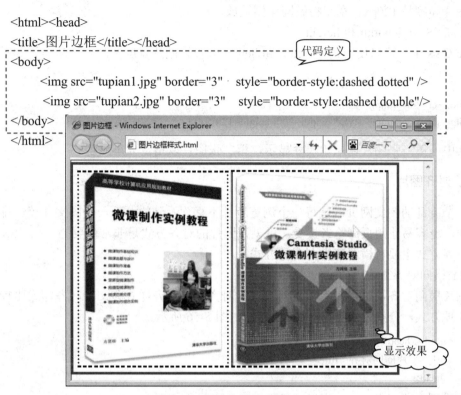

图 5-54　图片边框样式测试

（1）描述标记 width 和 height

在 HTML 标记语言中，通过 img 的描述标记 width 和 height 可以设置图片大小。width 和 height 分别表示图片的宽度和高度，其值可以为数值或百分比，单位可以是 px。需要注意的是，高度属性 height 和宽度属性 width 设置要求相同。例如：

```
<img scr="tupian.jpg" width=200 height=120>
```

图片宽度为 200px，高度为 120px。

（2）max-width 和 max-height

max-width 和 max-height 分别用来设置图片宽度最大值和高度最大值。在定义图片大小时，如果图片默认尺寸超过了定义的大小，那么就以 max-width 所定义的宽度值显示，而且高度将同比例变化。max-height 以相同方式定义。如果图片的尺寸小于最大宽度或高度，那么图片就按原尺寸大小显示。代码如图 5-55 所示：

```
……
    <style>
    Img{ max-height:180px;}
    </style>
……
```

图 5-55　图片缩放

图片高度是 120px，宽度将做同比例缩放。

(3) CSS 中的 width 和 height

在 CSS 中，可以使用属性 width 和 height 来设置图片宽度和高度，从而达到图片的缩放，例如：

```
<img scr="tupian.jpg" >
<img scr="tupian.jpg" style="width=200; height=120">
```

其中，第一张图片以原始尺寸显示，第二张图片以指定大小显示。

3. 对齐图片

一个凌乱的图文网页，是每一个浏览者都不喜欢看到的。而一个图文并茂、排版整洁的页面，更容易让网页浏览者接受。可见，图片的对齐方式是非常重要的。在 CSS 中，图片的对齐方式主要有横向和纵向两种方式。

(1) 横向对齐方式

图片横向对齐，就是在水平方向上进行对齐，其对齐样式和文字对齐样式比较相似，都有 3 种方式，分别为"左""中""右"，如图 5-56 所示。

```
<html><head>
<title>图片横向对齐</title>
</head>
<body>
    <p style="text-align:left"><img src="xy.jpg" style="max-width:140px;">左对齐</p>
    <p style="text-align:align"><img src="xy.jpg" style="max-width:140px;">居中对齐</p>
    <p style="text-align:right"><img src="xy.jpg" style="max-width:140px;">右对齐</p>
    <p style="font-style:italic">更上一层楼。</p>
</body></html>
```

图 5-56　对齐图片

在 IE 浏览器中浏览效果，可以看到网页上显示 3 张图片，大小一样，但对齐方式分别为"左对齐""居中对齐"和"右对齐"。

(2) 纵向对齐方式

纵向对齐即垂直对齐，是指在垂直方向上与文字进行搭配使用。通过对图片的垂直方向上的设置，可以设定图片和文字的高度一致。在 CSS 中，对于图片纵向设置，通常使用 vertical-align 属性来定义。

vertical-align 属性设置元素的垂直对齐方式，即定义行内元素的基线相对于该元素所在行的基线的垂直对齐，允许指定负长度值和百分比值。在表的单元格中，这个属性会设置单元格内容的对齐方式。格式为：

```
vertical-align: | baseline | sub | super |…
```

新建记事本文件，输入下面的样式代码后，保存为.html 格式文件，使用 IE 浏览器查看效果。如图 5-57 所示，可以看到网页显示 6 张图片，垂直方向分别是 baseline、bottom、 middle、sub、super 和数值对齐。

```
<html><head>
<title>图片纵向对齐</title>
<style> img{max-width:100;}</style></head>
<body>
    <p>纵向对齐方式：baseline<img src=pc.jpg style="vertical-align:baseline"></p>
    <p>纵向对齐方式：bottom <img src=pc.jpg style="vertical-align:bottom"></p>
    <p>纵向对齐方式：middle <img src=pc.jpg style="vertical-align:middle"></p>
    <p>纵向对齐方式：sub <img src=pc.jpg style="vertical-align:sub"></p>
    <p>纵向对齐方式：super <img src=pc.jpg style="vertical-align:super"></p>
    <p>纵向对齐方式：数值定义<img src=pc.jpg style="vertical-align:20px"></p>
</body></html>
```

图 5-57　标签选择器显示

5.4.2　设置背景与边框

任何一个页面，首先映入眼帘的就是网页的背景色和基调，不同类型的网站有不同的背景和基调，因此，网页中的背景通常是网站设计时的一个重要步骤。对于单个 HTML 元素，可以通过 CSS 属性设置元素边框样式，包括宽度、显示风格和颜色等。

实例 7　设计公司主页

打开各种类型的商业网站，最先映入眼帘的就是首页，也称为主页。作为一个网站的门户，主页一般要求版面整洁、美观大方。综合前面学习的 CSS 知识，运用背景和边框属性，创建一个简单的公司主页，效果如图 5-58 所示。

图 5-58　"听松园公司"网站主页

在本实例中，主页包括 3 个部分：网站 Logo、导航栏和主页显示内容。此处使用了一个背景图来代替网站 Logo，导航栏使用表格实现，内容列表使用无序列表实现。

跟我学

1. **构建 HTML 页面**　运行 Dreamweaver 软件，新建 HTML 文档，切换到"拆分"视窗模式，输入如图 5-59 所示的代码和内容。

```
<html><head><title>听松园公司主页</title>
<style></style></head>
<body><center>
<div><div class=div1 align=center></div>
<div class=div2>
<table width=99%><tr align=center><td>首页</td><td>听松园</td><td>园主风
采</td><td>作品欣赏</td><td>协会动态</td><td>书画鉴赏</td></tr></table>
</div>
<div class=div3>
<div class=div4>
<p> </p>
<ul>协会动态
<li>中国盆景艺术家协会委托书</li>
<li>重塑盆景强国与大国文化气象</li>
<li>盆景桩景的修剪方法及其特点</li>
<li>冬季温室树桩盆景的养护</li>
</ul></div>
<div class=div5>
<p> </p>
<ul>作品赏析
<li>题名:《刺破青天心未老》 刺柏</li>
<li>题名:《新安画意》刺柏</li>
<li>题名:《春归》 榆树</li>
<li>题名:《探》 黄山松</li>
</ul></div>
</div></div></center></body></html>
```

图 5-59　输入构建 HTML 页面的代码和内容

2. **浏览页面效果**　在 IE 浏览器中浏览页面效果，如图 5-60 所示，会看到在网页中显示了导航栏和两个列表信息。

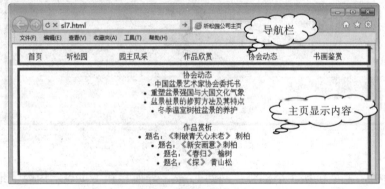

图 5-60　浏览页面效果

3. **设置背景 Logo** 按图 5-61 所示操作,添加 CSS 代码,在网页顶端添加一个背景图,此背景图覆盖整个 Div 层,背景图片居中不重复。

4. **设置导航栏** 按图 5-62 所示操作,添加 CSS 代码,将导航栏背景设置为"浅蓝色",表格中文字大小为 12px,字体为"幼圆"。

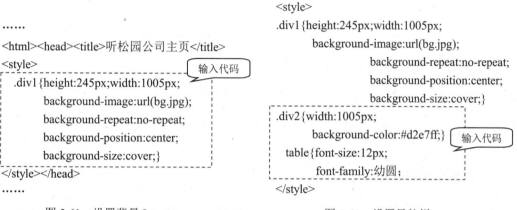

图 5-61 设置背景 Logo   图 5-62 设置导航栏

5. **设置内容样式** 按图 5-63 所示位置操作,添加 CSS 代码,将网页中的内容显示在一个圆角边框中,两个不同的内容块中间使用虚线隔开。

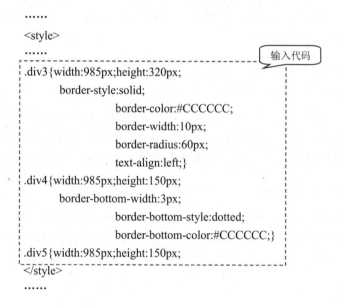

图 5-63 设置内容样式

6. **设置列表样式** 按图 5-64 所示位置操作,插入 CSS 代码,设置列表字体大小为 15px,字体为"楷体"。

```
......
<style>
......
.div5{width:985px;height:150px;          输入代码
ul{font-size:15px;
    font-family:楷体；}
</style>
......
```

图 5-64 设置列表样式

知识库

1. 背景相关属性

背景是网页设计时的重要因素之一，一个背景优美的网页，能吸引很多访问者。CSS在背景设置方面有强大的功能。

(1) 背景颜色

background-color 属性用于设定网页背景色。与设置前景色的 color 属性一样，background-color 属性接受任何有效的颜色值，而对于没有设定背景色的标记，默认背景色为透明(transparent)。语法格式为：

{ background-color:transparent|color}

(2) 背景图片

在网页中既可以使用背景色来填充网页背景，也可以使用背景图片来填充网页。通过 CSS 属性可以对背景图片进行精确定位。background-image 属性用于设定标记的背景图片。通常情况下，在标记<body>中应用，将图片用于整个主体中。语法格式为：

{ background-image:none|url(url)}

从语法结构上看，其默认属性是无背景图片，当需要使用背景图时可以用 url 进行导入，url 可以使用绝对路径，也可以使用相对路径。使用图片设置背景时，还需要考虑"图片重复""图片显示""图片位置""图片大小""现实区域""裁剪区域"等属性。

2. 边框属性

边框就是将元素内容及间隙包含在其中的边线，类似于表格的外边线。每一个页面元素的边框都可以从宽度、样式和颜色 3 个方面描述。这 3 个方面决定了边框所显示出来的外观。CSS 中分别使用边框样式(border-style)、边框颜色(border-color)和边框线框(border-width)3 个属性设定边框的 3 个方面。

(1) 边框样式

border-style 属性用于设定边框的样式，也就是风格。设定边框样式是边框最重要的部分，它主要用于为页面元素添加边框。语法格式为：

```
{ background-style:none| hidden| dotted| solid| … }
```

background-style 属性值及含义，如表 5-6 所示。

表 5-6　background-style 属性值及含义

属 性 值	含 义	属 性 值	含 义
none	无边框	dashed	破折线式边框
dotted	点线式边框	solid	直线式边框
double	双线式边框	groove	槽线式边框
ridge	脊线式边框	inset	内嵌效果的边框
outset	突起效果的边框		

(2) 边框颜色

border-color 属性用于设定边框颜色，如果不想与页面元素的颜色相同，则可以使用该属性为边框定义其颜色。语法格式为：

```
border-color:color
```

其中，color 表示设定的颜色，其颜色值通过十六进制和 RGB 等方式获取。与边框样式属性一样，border-color 属性可以为边框设定一种颜色，也可以同时设定 4 个边的颜色。

(3) 边框线宽

在 CSS 中，可以通过设定边框线宽来增强边框效果。border-width 属性就是用来设定边框宽度的。语法格式为：

```
border-width:medium|thin|thick|length
```

其中预设有 medium、thin 和 thick 3 种属性值，另外，还可以自行设置长度(length)。

5.5　小结和习题

5.5.1　本章小结

CSS(Cascading Style Sheets，层叠样式表)文件也可以说是一个文本文件，它包含了一些 CSS 标记。网页设计者可以通过简单更改 CSS 文件，轻松地改变网页的整体表现形式，大大减少网页修改和维护的工作量。本章详细介绍了定义 CSS 样式的方法和技巧，具体包括以下主要内容。

- **了解 CSS 基础知识**：以一个完整的 CSS 定义入手，介绍了 CSS 样式的优点及使用。分别使用"记事本"程序和 Dreamweaver 编写 CSS，并介绍了 CSS 的语法、定义规则和在 HTML 中使用 CSS 的方法，为进一步学习 CSS 样式奠定基础。
- **学习 CSS 样式代码**：主要介绍了选择器、选择器声明及 CSS 常用单位相关知识。通过实例详细讲解了 CSS 规则由选择器及一条或多条声明构成。选择器通常是需要改变样式的 HTML 元素，每条声明由一个属性和一个值组成；属性是希望设置的样式属性，每个属性有一个值，属性和值之间用冒号隔开。
- **使用 CSS 样式设置文本**：介绍如何使用 CSS 样式规范网页文本，包括文本的字体属性和段落属性。字体属性主要介绍了"字体""字号""字体风格""加粗字体""字体颜色"等；段落属性重点介绍了"水平对齐方式""文本缩进"和"文本行高"等。通过实例，讲解了这些常用的字体和段落属性在规范、美化网页文字中的使用方法。
- **使用 CSS 样式美化页面**：通过实例详细介绍了使用 CSS 样式美化图片，设置背景和边框的方法和技巧，从而达到美化页面的效果。其内容包括改变图片的边框，设置图片大小、位置；设置背景颜色、背景图片和实现方式；定义边框的样式、颜色、线宽等。

5.5.2 强化练习

一、选择题

1. 下列关于 CSS 样式表作用的叙述中正确的是(   )。
    A. 精减网页，提高下载速度
    B. 只需修改一个 CSS 代码，就可改变页数不定的网页外观和格式
    C. 可以在网页中显示时间和日期
    D. 在不同浏览器和平台之间具有较好的兼容性

2. 下列选项中，对 CSS 样式的格式，描述正确的是(   )。
    A. {body:color=black(body}   B. body:color=black
    C. body {color: black}   D. {body;color:black}

3. 为了增强 CSS 样式代码的可读性，可以在代码中插入注释语句。下列选项中，注释语句格式正确的是(   )。
    A. /* 注释语句 */   B. // 注释语句
    C. // 注释语句 //   D. ' 注释语句

4. 使用 CSS 样式定义，将 p 元素中的字体定义为粗体。下列代码正确的是(   )。
    A. p {text-size:bold}   B. p {font-weight:bold}
    C. <p style="text-size:bold">   D. <p style="font-size:bold">

5. 在下列 CSS 样式代码中适用对象是"所有对象"的是(　　)。

  A. 背景附件   B. 文本排列

  C. 纵向排列   D. 文本缩进

6. 下列哪段代码能够定义所有 P 标签内的文字加粗？(　　)

  A. <p　style="text-size:blod">   B. < p　style="font-size:blod">

  C. p{ text-size:bold; }   D. p{ font-weight:bold; }

7. 以下关于 CLASS 和 ID 的说法错误的是(　　)。

  A. class 的定义方法：.类名{样式}；

  B. id 的应用方法：<指定标签 id="id 名">

  C. class 的应用方法：<指定标签 class="类名">

  D. id 和 class 只是在写法上有区别，在应用和意义上没有区别

8. 在 HTML 文档中，引用外部样式表的正确位置是(　　)。

  A. 文档的末尾   B. <head>

  C. 文档的顶部   D. <body>部分

9. 在 CSS 中，为页面中的某个 DIV 标签设置样式 div{width:200px;padding:0 20px; border:5px;}，则该标签的实际宽度为(　　)。

  A. 200px   B. 220px

  C. 240px   D. 250px

10. 下面所示的 CSS 样式代码，定义的样式效果是(　　)。

```
a:active {color: #000000;}
```

  A. 默认链接是#000000 颜色   B. 访问过链接是#000000 颜色

  C. 鼠标上滚链接是#000000 颜色   D. 活动链接是#000000 颜色

二、判断题

1. 在 CSS 中，border:1px 2px 3px 4px 表示设置某个 HTML 元素的上边框为 1px、右边框为 2px、下边框为 3px、左边框为 4px。 (　　)

2. 在 CSS 中，padding 和 margin 的值都可以为负数。 (　　)

3. 在 CSS 中，使用//或<!---->用来书写一行注释。 (　　)

4. 由于 Table 布局相比 Div 布局缺点较多，因此在网页制作时应当完全放弃使用 Table 布局。 (　　)

5. 在 W3C 规范中，每一个标签都应当闭合，使用
</br>可以实现和段落标签<p></p>同样的效果。 (　　)

6. 一个 Div 可以插入多个背景图片。 (　　)

7. 背景颜色的写法 background:#ccc 等同于 background-color:#ccc。 (　　)

8. 结构表现标准语言包括 XHTML 和 XML 及 HTML。 (　　)

9. 任何标签都可以通过加 style 属性来直接定义它的样式。 (　　)

10. 同 padding 属性与 margin 属性类似，border 属性也有单侧属性，即也可以单独定义某一个方向上的属性。 （ ）

11. margin 不可以单独定义某一个方向的值。 （ ）

12. Border 是 CSS 的一个属性，用它可以给能确定范围的 HTML 标记，如给 td、Div 添加边框。其只能定义边框的样式(style)、宽度(width)。 （ ）

13. CSS 选择器中用户定义的类和用户定义的 ID 在使用上只有定义方式不同。 （ ）

14. 对于自定义样式，其名称必须以点(.)开始。 （ ）

15. <div>标签简单而言是一个区块容器标签。 （ ）

16. position 允许用户精确定义元素框出现的相对位置。 （ ）

第6章

规划布局网页

网页设计主要包括配色、字体、布局 3 个方面，其中最主要的就是网页的布局，在进行网页设计时，需要对网页的版面布局进行整体规划。

为确保网页美观大方，在布局过程中，一般要遵循正常平衡、异常平衡、对比、凝视、空白和尽量用图片解说等原则。例如，若网页的白色背景太虚，则可以加一些色块；若版面零散，则可以用线条和符号串联；若左面文字过多，右面则可以插入一些图片以保持平衡；若表格过于规矩，则可以改用导角增强视觉效果。

本章通过多个实例来体验表格、层、框架和 CSS 布局网页的方法和特点，并介绍了网页布局的具体步骤和方法。

本章内容：
- 网页布局基础知识
- 使用表格精确定位
- 使用 CSS 灵活布局

6.1 网页布局基础知识

网页的布局与网页的颜色一样，是影响网页整体效果的一个重要因素，网站的布局尤为重要，合理且优化的布局结构不仅便于浏览者查找所需要的信息，而且便于搜索引擎发现网页，从而提升网站的访问量。

6.1.1 网页布局的结构

当我们细心地去观察一些网站时，总能根据其呈现的内容、导航及标题 Logo 区域看出它的布局原理。下面介绍一些常见的网站布局类型，以便初学者能够更快地理解、掌握常见的布局结构及特点。

1. "国"字型布局

"国"字型布局也称"同"字型，是一些大型网站所喜欢的类型，即最上面是网站的标题及横幅广告条，中间是网站的主要内容(左右分列两小条内容，中间是主要部分，与左右一起罗列到底)，最下面是网站的一些基本信息、联系方式、版权声明等。这种结构是我们在网上见到的最多的一种结构类型。如图 6-1 所示为"国"字型布局网页效果图。

图 6-1 "国"字型布局网页效果图

2. "三"字型布局

"三"字型布局是一种简洁明快的网页布局，在国外用得比较多，国内比较少见。这种布局的特点是，在页面上由横向两条色块将网页整体分隔成 3 部分，色块中大多放置广告条、更新及版权提示。如图 6-2 所示是"三"字型布局网页效果图。

图 6-2　"三"字型布局网页效果图

3. "川"字型布局

整个页面在垂直方向分为三列，网站的内容按栏目分布在这三列中，最大限度地突出主页的索引功能。如图 6-3 所示是"川"字型布局网页效果图。

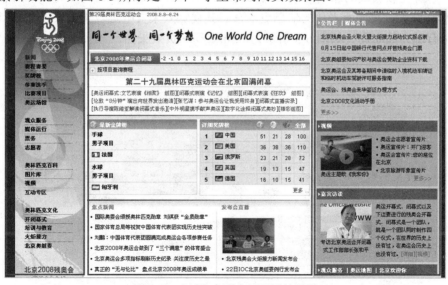

图 6-3　"川"字型布局网页效果图

4. 海报型布局

海报型布局一般用于一些网站的首页,大部分为一些精美的平面设计结合一些小的动画,放上几个简单的链接或者仅是一个"进入"的链接,甚至直接在首页的图片上做链接而没有任何提示。这种类型大部分出现在企业网站和个人主页,如果处理得好,会给人带来赏心悦目的感觉。如图 6-4 所示为海报型布局网页效果图。

图 6-4 海报型布局网页效果图

5. Flash 布局

Flash 布局是指整个网页就是一个 Flash 动画,它本身就是动态的,画面一般比较绚丽、有趣,是一种比较新潮的布局方式。其实这种布局与封面型结构是类似的,不同的是,由于 Flash 功能强大,页面所表达的信息更丰富。其视觉效果及听觉效果如果处理得当,会是一种非常有魅力的布局。如图 6-5 所示为 Flash 布局网页效果图。

图 6-5 Flash 布局网页效果图

6. 标题文本型布局

标题文本型的页面布局内容以文本为主，页面最上面往往是标题或类似的内容，下面是正文。如图 6-6 所示为标题文本型布局网页效果图。

图 6-6　标题文本型布局网页效果图

6.1.2　网页布局的方法

在选择好布局类型后，就可以在网页设计器中对布局进行设计，网页布局设计的方法一般有纸上布局法和软件布局法。

1. 纸上布局法

纸上布局法是指使用纸和笔绘制出想要的页面布局和原型，只需要根据网站的设计要求绘制出来即可，不需要担心设计的布局能否实现，因为目前基本上所有能想到的布局使用 HTML 都可以实现出来。如图 6-7 所示为纸上布局法。

图 6-7　纸上布局法

2. 软件布局法

软件布局法是指使用一些软件来绘制布局示意图，如使用 Photoshop、Visio 等软件来绘制。使用软件布局需要先确定页面尺寸，考虑网站 Logo、导航等重要元素在网页中的位置等。如图 6-8 所示为软件布局法。

名称 Logo
广告条
导航

新书推荐

教学视频
教育快讯
教学课件

版权信息

图 6-8　软件布局法

6.1.3　网页布局技术

在 Dreamweaver 中，主要使用 HTML 和 CSS 技术对网页进行布局，根据布局元素的不同，可以分为表格、框架和 DIV+CSS 等方式。

1. 基于表格的 HTML 布局技术

表格布局是非常流行的网页布局技术，由于表格定位图片和文本比 CSS 方便，而且不用担心不同对象之间的影响，所以一直是网站布局的主流。表格布局的缺点在于，当表格层次嵌套过深时，会影响页面下载速度。如图 6-9 所示是一个表格式布局实例。

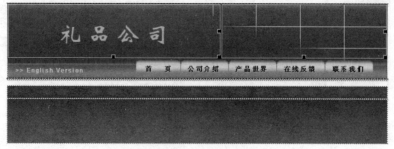

图 6-9　表格式布局实例

2. 基于框架的布局技术

在一般情况下，可以用框架来保持网页中固定的几个部分，如网页大标题、导航栏等，剩下的框架用来展现所选的网页内容。如图 6-10 所示，插入嵌套框架，在顶部框架中插入 banner 图片，在左框架制作导航条，在主框架中输入介绍文字。

图 6-10　基于框架的布局技术

3. 基于 DIV+CSS 的布局技术

DIV+CSS 是目前最流行的布局技术，它使用 HTML 的层<div>标签作为容器，使用 CSS 技术的精确定位属性来控制层中元素的排列、层与层之间的放置关系等。这种布局方式的特点是布局灵活、加载速度快，但是需要设计人员对 CSS 具有深入的理解和掌握。本书在后面的内容中会详细介绍如何使用 DIV 和 CSS 进行布局设计。

6.2　使用表格精确定位

表格是网页设计与制作时不可缺少的重要元素，在设计页面时，往往要利用它来布局定位网页元素。无论是排列数据还是在页面上对文本进行排版，表格都表现出强大的功能。它以简洁明了和高效快捷的方式，将数据、文本、图像、表单等元素有序地显示在页面上，从而设计出版式美观的网页。

6.2.1　插入编辑表格

在 Dreamweaver 网页文档中，可以通过"插入"→"表格"命令，插入表格，输入数据，以便查询和浏览。

实例 1　制作课程表

新建一个 HTML 文档，在页面中插入一个 6 行 6 列的简单表格，在其中插入图片、文字，效果如图 6-11 所示。

课程表

图片		星期一	星期二	星期三	星期四	星期五
上午	第1-2节	图像处理	网页制作	计算机英语	高等数学	动画制作
	第3-4节	图像处理	网页制作	C语言	数据结构	动画制作
午休						
下午	第5-6节	实训	自习	班会	就业指导	自习
	第7-8节	实训	自习			自习

图 6-11　课程表

跟我学

1. **新建网页**　运行 Dreamweaver 软件，打开已经建立的站点"网络编辑"，新建一个空白网页文档，默认的文件名为 untitled.html，修改网页文件名为 kcb.html。

2. **创建表格**　选择"插入"→"表格"命令，按图 6-12 所示操作，创建一个 6 行 7 列，宽度为 600 像素的表格，边框粗细为 1 像素。

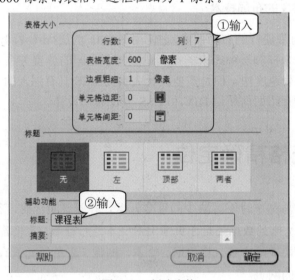

图 6-12　创建表格

3. **合并单元格**　选中表格第 1 行的第 1、2 列单元格，按图 6-13 所示操作，将选中的单元格合并，并用相同的方法合并其他单元格。

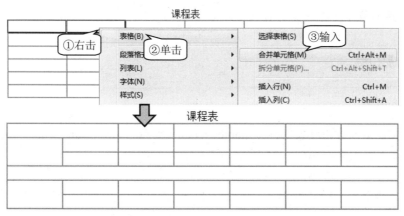

图 6-13　合并单元格

4. **输入数据**　在课程表中输入文字、插入图片，效果如图 6-14 所示。

课程表					
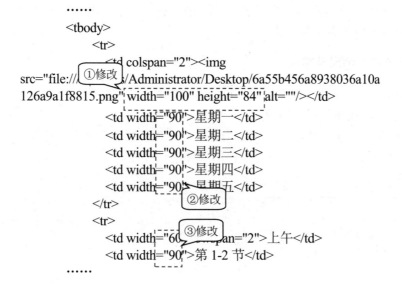	星期一	星期二	星期三	星期四	星期五
上午 第1-2节	图像处理	网页制作	计算机英语	高等数学	动画制作
第3-4节	图像处理	网页制作	C语言	数据结构	动画制作
午休					
下午 第5-6节	实训	自习	班会	就业指导	自习
第7-8节	实训	自习			自习

图 6-14　输入数据

5. **调整列宽**　切换到"拆分"视图，单击左下角的 table 标签，按图 6-15 所示操作，调整图片的大小和表格的列宽。

```
......
<tbody>
    <tr>
        ①修改
        <td colspan="2"><img
src="file://s/Administrator/Desktop/6a55b456a8938036a10a
126a9a1f8815.png" width="100" height="84" alt=""/></td>
        <td width="90">星期一</td>
        <td width="90">星期二</td>
        <td width="90">星期三</td>
        <td width="90">星期四</td>
        <td width="90">星期五</td>     ②修改
    </tr>
    <tr>                               ③修改
        <td width="60" rowspan="2">上午</td>
        <td width="90">第 1-2 节</td>
......
```

图 6-15　调整列宽

6. 保存并预览　保存网页，并按F12键预览网页。

 知识库

1. 表格的结构

在 XHTML 中，可通过表格标签<table></table>、<tr></tr>、<th></th>、<td></td>，在网页中绘制基本的表格，如图 6-16 所示为表格的基本结构。

```
……
<table>
    <tr>
        <th>表头单元格列标题 1 </th>
        <th>表头单元格列标题 2 </th>
        ……
    </tr>
    <tr>
        <td>第 1 列第 1 行中单元格值 </td>
        <td>第 2 列第 1 行中单元格值 </td>
        ……
    </tr>
    ……
</table>
```

图 6-16　表格的基本结构

- <table></table>：表格以<table></table>标签定义，一个表格中可以有一个或多个<tr>、<td>和<th>等标签。
- <tr></tr>：该标签用于定义表格中的一行数据，如果要定义多行数据，就重复使用<tr></tr>标签。
- <td></td>：该标签用于建立单元格，每一行中可以包括一个或多个单元格。
- <th></th>：该标签用于定义表头单元格信息，其中的内容以粗体显示。一个表格中可以不使用表头单元格。

2. 与表格相关的属性面板

在 Dreamweaver 中插入表格后，可以通过选择"表格属性"面板和"单元格属性"面板对表格进行修改和相关属性的设置。

- 表格属性：选择 table 标签，右击表格，选择"属性"命令，打开"表格属性"面板，如图 6-17 所示，可以对表格的属性进行设置。

图 6-17　"表格属性"面板

● 单元格属性：选择 tbody 标签，右击表格，选择"属性"命令，打开"单元格属性"面板，如图 6-18 所示，可以对表格的单元格属性进行设置。

图 6-18　"单元格属性"面板

6.2.2　美化设置表格

在页面中插入表格后，可以在"属性"面板中对表格进行美化设置，其中有些属性是与"表格"对话框中的属性一样的；此外，还可以设置表格的"背景颜色""边框颜色"和"对齐方式"等属性。

实例 2　美化课程表

打开前面制作的 kcb.html 文件，通过表格和单元格属性，设置表格填充为 5 像素，居中对齐，间距为 0，单元格文字水平居中对齐，效果如图 6-19 所示。

课程表 ———— 表头格式设置

		星期一	星期二	星期三	星期四	星期五
上午	第1-2节	图像处理	网页制作	大学英语	高等数学	动画制作
	第3-4节	图像处理	网页制作	C语言	数据结构	动画制作
午休						
下午	第5-6节	实训	自习	班会	就业指导	自习
	第7-8节	实训	自习			自习

表格属性：填充、对齐、间距　　　　　　　　单元格属性：对齐

图 6-19　美化课程表

跟我学

1. **设置表格**　运行 Dreamweaver 软件，打开 kcb.html 页面，选择 tbody 标签，右击表格，选择"属性"命令，按图 6-20 所示操作，设置表格填充为 5，间距为 0，居中对齐。

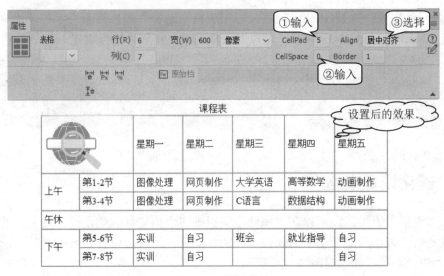

图 6-20　设置表格

2. **设置单元格**　单击 tbody 标签，右击表格，选择"属性"命令，按图 6-21 所示操作，设置单元格中的内容水平"居中对齐"、垂直"居中"。

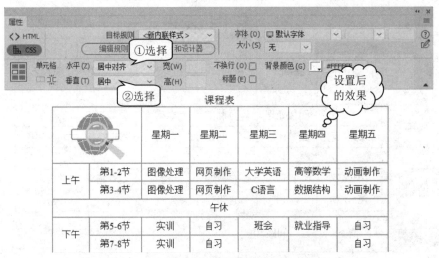

图 6-21　设置单元格

3. **设置标题**　设置课程表的标题文字大小、颜色等，按 Ctrl+S 键保存网页，并按 F12 键预览网页。

知识库

1. 设置表格宽度

在"表格"对话框中，表格宽度设置的单位有"百分比"和"像素"两种。"百分比"单位是指以网页浏览窗口的宽度为基准；"像素"单位是指表格的实际宽度。在不同的情况下，需要使用不同的单位，例如，在表格嵌套时多以"百分比"为单位。

- 百分比为单位：如果设置表格宽度为浏览器窗口宽度的 100%，那么当浏览器窗口大小变化时，表格的宽度也随之变化。
- 像素为单位：如果设置表格宽度为指定像素，那么无论浏览器窗口大小怎么改变，表格的宽度都不会发生变化。当前网页宽度一般设置为 1000 像素。

2. 设置边框粗细

在"表格"对话框中，可通过"边框粗细"选项设置表格边框的粗细，在插入表格时，表格边框的默认值为 1 像素。如图 6-22 所示，上图是把表格边框的值设置为 0，边框呈现虚线，其实在浏览器窗口预览时，表格边框是无线条的；下图是把表格边框的值设置为 5，则边框显示宽了许多。

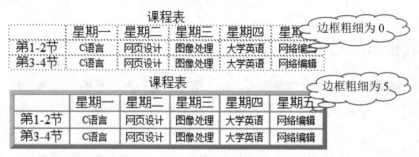

图 6-22 设置边框粗细

3. 单元格边距

单元格边距表示单元格中的内容与边框距离的大小，如图 6-23 所示，单元格边距为默认值，其单元格中的内容与边框的距离很近；将单元格边距设为 5，其内容与边框之间就存在了相应的距离。

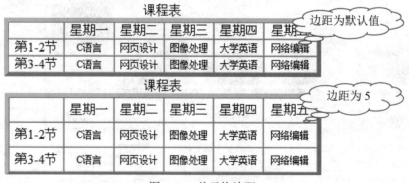

图 6-23 单元格边距

4. 单元格间距

单元格边距和单元格间距是两个不同的概念。单元格间距是指单元格与单元格、单元格与表格边框的距离。在"属性"面板中，将单元格间距设置为 5 后的效果如图 6-24 所示。

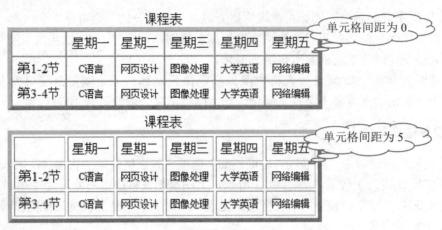

图 6-24　单元格间距

6.2.3　表格布局网页

表格是最常用的网页布局实现方式。在表格中，通过对表格的行和列进行调整，可以对网页中的元素进行精确定位，使网页版面布局更加轻松便捷。

实例 3　"方舟工作室"首页

如图 6-25 所示是"方舟工作室"首页效果图，通过表格将整个网页进行了功能区的划分，使网页中的各个元素更加整齐、美观。

图 6-25　"方舟工作室"首页效果图

　　根据总体设计布局，将整个网站首页设置为顶部、导航栏、主体内容和底部 4 个部分，每个部分通过表格进行布局，最后添加图像、文字和视频元素。

 跟我学

> **制作网页顶部**

　　　　当前显示器大多数是宽屏的，现在网页宽度一般为 1000 像素，为此，在网页顶部插入一个 1 行 1 列的表格，其中包括网站的 Logo 和 Banner。

1. **新建文件**　运行 Dreamweaver 软件，新建 HTML 文档并保存，名称为 index.html。
2. **创建表格**　选择"插入"→"表格"命令，创建一个 1 行 1 列，宽度为 1000 像素的表格，并将表格居中对齐。
3. **插入图片**　单击单元格，选择"插入"→"图像"命令，按图 6-26 所示操作，插入文件夹"6.2.3 表格布局网页"中的首页顶部图片 top.jpg。

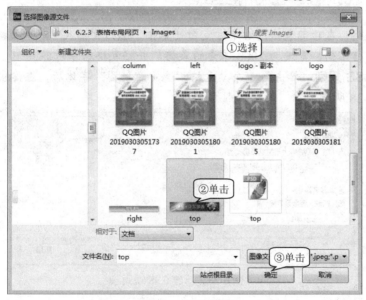

图 6-26　插入图片

4. **设置页面属性**　单击页面，在"属性"面板中单击 页面属性... 按钮，按图 6-27 所示操作，设置外观(HTML)：背景为"灰色"、文本为"黑色"、左边距为 0、上边距为 0。

> 　　这里将页面的左边距设置为 0，是让表格在浏览器窗口中水平居中，将上边距设置为 0，是让表格在浏览器窗口中与上边不留空隙，以增强美观。

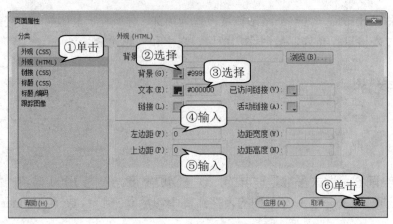

图 6-27　设置页面属性

制作导航栏

　　网站的导航栏也称"导航条"，是网站的总栏目，其中包含若干个子栏目。一个网站的结构是通过导航栏组织的。

1. **插入表格**　在顶部表格的右下方空白处单击，选择"插入"→"表格"命令，创建一个 1 行 7 列，宽度为 1000 像素的表格，并将表格居中对齐。

2. **新建 CSS 规则**　单击第 1 个单元格，选中"幼圆"字体后，在弹出的对话框中，按图 6-28 所示操作，新建规则为.gz001。

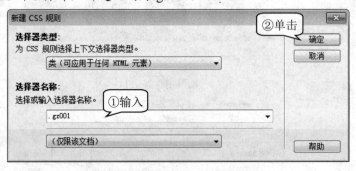

图 6-28　新建 CSS 规则

3. **添加规则属性**　按图 6-29 所示操作，添加规则属性：文字"居中、大小 18px、白色"。

4. **应用规则**　单击导航栏表格标签<table>，选中表格，按图 6-30 所示操作，将导航栏表格的各单元格应用规则设置为.gz001。

5. **设置单元格**　单击第 1 个单元格，在"属性"面板中设置高为 30。单击行标签<tr>，设置背景颜色为"蓝色"。

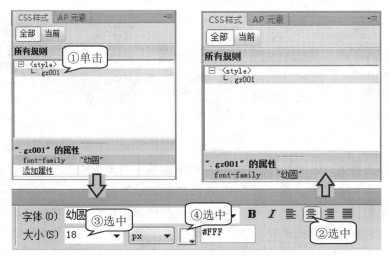

图 6-29 添加规则属性

图 6-30 应用规则

6. **输入导航文字** 单击第 1 个单元格，输入文字"首页"；定位其他单元格，输入文字；调整"首页"单元格宽度为 100，其他单元格宽度为 150，效果如图 6-31 所示。

| 首页 | 教育快讯 | 新书介绍 | 教学素材 | 教学课件 | 微课视频 | 教材出版 |

图 6-31 输入导航文字

制作网页主体

网页主体区域，一般通过嵌套表格设置网站主要栏目的文章列表区、视频宣传区或图片幻灯展示区，此外，还可以设置其他链接区和搜索条等。

1. **创建表格** 在导航栏的右下方空白处单击，选择"插入" → "表格"命令，创建一个 2 行 1 列，宽度为 1000 像素的表格，并将表格居中对齐。

2. **插入小表格** 选中新建表格的上面单元格，选择"插入" → "表格"命令，插入一个 1 行 5 列的小表格 A，居中对齐；选中下面单元格，插入一个 2 行 5 列的小表格 B，居中对齐。

3. **设置小表格 A** 单击小表格 A 的第 1 个单元格，设置高度为 240，居中，规则为 .gz002，选中该表格，应用此规则。选中 5 个单元格，输入背景颜色值为 #f4f9fc，按 Enter 键。

4. **插入图像** 单击小表格 A 的第 1 个单元格，插入文件夹"6.2.3 表格布局网页"中的书图 6-UP.jpg，分别在其他单元格中插入对应的书图，效果如图 6-32 所示。

图 6-32　插入书图

5. **调整小表格 B**　选中小表格 B，调整列宽：第 1 列为 300 像素、第 2 列为 10 像素、第 3 列为 380 像素、第 4 列为 10 像素、第 5 列为 300 像素。

6. **合并单元格**　在小表格 B 中，按图 6-33 所示操作，合并单元格，在"属性"面板中，设置其背景颜色值为"白色"。同样的方法，合并第 4 列单元格。

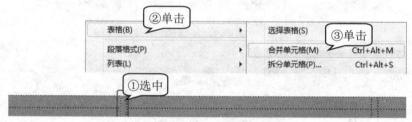

图 6-33　合并单元格

7. **插入栏目图**　选中小表格 B 上行的第 1、3、5 单元格，从 Images 文件夹中分别插入图片 left.gif、column.gif 和 right.gif，效果如图 6-34 所示。

图 6-34　插入栏目图

8. **插入媒体**　单击小表格 B 下行的第 1 个单元格，在"属性"面板中设置背景颜色值为#f4f9fc，按图 6-35 所示操作，在第 1 个单元格中插入媒体 gfsr.flv。

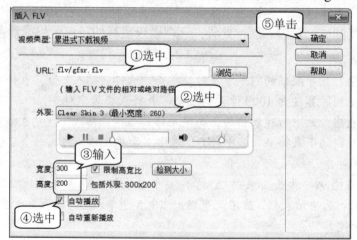

图 6-35　插入媒体

9. **输入列表文字**　选中小表格 B 下行的第 3、5 单元格，在"属性"面板中设置背景颜色值为#f4f9fc，在第 3、5 单元格中分别输入如图 6-36 所示的列表文字内容。

图 6-36　输入列表文字

制作网页底部

　　网页的底部是网站的版权栏，一般包括版权声明、联系地址、联系方式、备案信息等。

1. **创建表格**　在主体表格右下方空白处单击，选择"插入"→"表格"命令，创建一个 1 行 1 列，宽度为 1000 像素的表格，并将表格居中对齐。
2. **插入图片**　单击单元格，选择"插入"→"图像"命令，插入文件夹"6.2.3 表格布局网页"中的底部图片 bottom.jpg，效果如图 6-37 所示。

关于我们　　版权申明　　联系我们　　　在线留言

图 6-37　插入图片

3. **保存并预览**　保存并预览网页，测试效果。

6.3　使用 CSS 灵活布局

　　经过 Web 2.0 的发展，Web 3.0 时代将更加突显网络的三大功能：信息共享、网络传播和电子商务。CSS 页面布局使用层叠式表格(而不是传统的 HTML 表格或框架)，用于组织网页上的内容。CSS 布局的基本构造块是 DIV 标签，它是一个 HTML 标签，在大多数情况下用作文本、图像或其他页面元素的容器。

6.3.1　表格＋CSS 布局

　　表格+CSS 布局可以使设计的网页结构更加合理，更便于维护和更改网页的样式。从本质上讲，这种布局网页的方式是从传统的网页设计技术到符合 Web 2.0 和 Web 3.0 标准的网页设计技术的过渡。

实例 4　通知公告

如图 6-38 所示是网站首页布局中经常会看到的局部布局的效果，位置一般放置在网页的右侧或左侧。

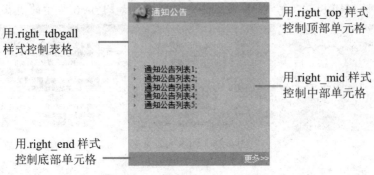

用.right_tdbgall
样式控制表格

用.right_top 样式
控制顶部单元格

用.right_mid 样式
控制中部单元格

用.right_end 样式
控制底部单元格

图 6-38　"通知公告"效果图

　　先创建一个 3 行 1 列的表格，表格和每个单元格的样式用 CSS 来控制。这里定义 4 个
CSS 类选择符：.right_tdbgall、. right_top、. right_mid、. right_end，它们分别用来控制表格
的样式和 3 个单元格的样式。

跟我学

创建 CSS 文件

　　　　新建 CSS 文档，在其中新建相关的 CSS 规则，用于控制整个表格和相应
单元格的样式。

1. **创建 CSS 文件**　新建一个 CSS 文档，保存文件名称为 tzgg.css。
2. **新建 CSS 规则**　单击"CSS 样式"面板中的"新建 CSS 规则"按钮 ，弹出"新
   建 CSS 规则"对话框，按图 6-39 所示操作，输入类选择器名称.right_tdbgall。

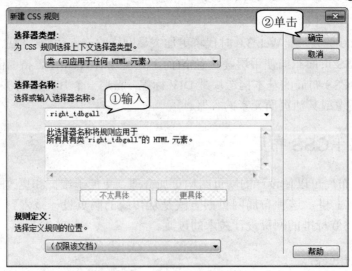

图 6-39　输入类选择器名称

3. **定义规则**　按图 6-40 所示操作，设置背景颜色为#CCC，设置宽和高分别为 220px 和 250px。

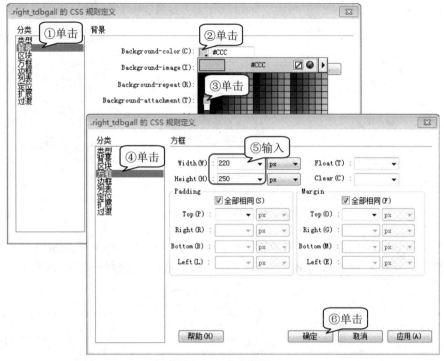

图 6-40　定义规则

4. **定义边框**　单击"CSS 样式"面板中的"编辑样式"按钮，按图 6-41 所示操作，定义整个表格的边框为 1px 的绿色细实线。

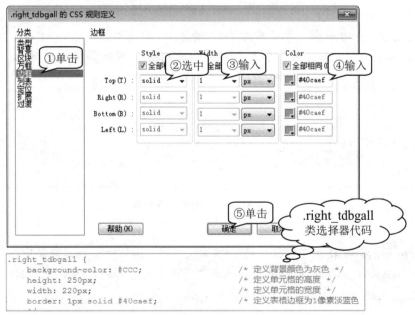

图 6-41　定义边框

5. **定义.right_top 规则** 参照步骤 2~4 的方法，新建类选择器.right_top，定义相关规则，用于控制表格的第 1 个单元格(顶部单元格)，代码如图 6-42 所示。

```
▼ .right_top {
    font-family: "黑体";                              /* 定义文字字体 */
    font-size: 14px;                                  /* 定义文字大小 */
    color: #FFF;                                      /* 定义文字颜色 */
    background-image: url(Images/head.png);           /* 定义单元格背景图像 */
    background-repeat: no-repeat;                      /* 定义背景图像不重复 */
    background-position: center center;                /* 定义背景图像居中 */
    text-align: left;                                 /* 定义段落对齐方式为左对齐
    */
    vertical-align: middle;     .right_top 类          /* 定义文字在单元格垂直方向居
中对齐 */                        选择器代码
    height: 30px;                                     /* 定义单元格高度 */
    width: 220px;                                     /* 定义单元格宽度 */
    padding-left: 35px;                               /* 设置方框中填充对象的左边距
    为35像素 */
}
/* 中部单元格背景、文字、段落格式等定义 */
```

图 6-42　定义.right_top 规则

6. **定义.right_mid 规则** 参照步骤 2~5 的方法，新建类选择器.right_mid，定义相关规则，用于控制表格的第 2 个单元格(中部单元格)，代码如图 6-43 所示。

```
▼ .right_mid {
    font-size: 12px;        .right_mid 类     /* 定义文字大小 */
    color: #000;            选择器代码        /* 定义文字颜色 */
    background-color: #CCC;                   /* 定义背景颜色为浅灰色 */
    padding: 5px;                             /* 定义填充内容的边距 */
    height: 190px;                            /* 定义单元格高度 */
    width: 220px;                             /* 定义单元格宽度 */
    list-style-position: inside;              /* 定义列表位置为内部 */
    list-style-image: url(Images/s_left.gif); /* 定义列表项前面的图标 */
}
/* 底部单元格背景、文字、段落格式等定义 */
```

图 6-43　定义.right_mid 规则

7. **定义.right_end 规则** 参照步骤 2~5 的方法，新建类选择器.right_end，定义相关规则，用于控制表格的第 3 个单元格(底部单元格)，代码如图 6-44 所示。

```
▼ .right_end {
    font-size: 12px;                          /* 定义文字大小 */
    color: #FFF;                              /* 定义文字颜色 */
    background-color: #40caef;                /* 定义背景颜色为绿色 */
    text-align: right;        .right_end 类    /* 定义段落对齐方式为右对齐
    */                        选择器代码
    height: 20px;                             /* 定义单元格高度 */
    width: 220px;                             /* 定义单元格宽度 */
}
```

图 6-44　定义.right_end 规则

Dreamweaver 提供了可视化的 CSS 定义工具，比较适合初学者使用。当熟练地理解 CSS 后，可以直接在代码视图中输入需要的 CSS 代码。利用手工输入的方式可以创建更加简洁的 CSS 代码。

创建网页文档

新建网页文档，链接外部样式表，编辑网页代码，完成并保存网页文档，最终完成本实例网页的制作。

1. **创建网页**　新建一个网页文档，保存文件名称为 tzgg.html。

2. **链接外部样式表**　在 "CSS 样式" 面板中单击 "附加样式表" 按钮，在弹出的对话框中单击 浏览... 按钮，按图 6-45 所示操作，链接样式表文件 tzgg.css。

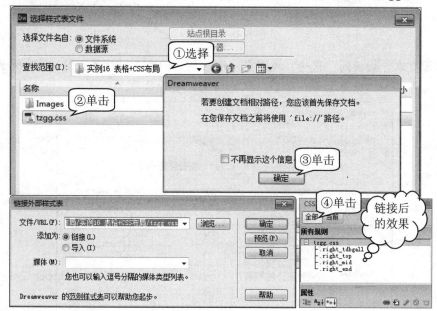

图 6-45　链接外部样式表

3. **插入表格**　插入一个 3 行 1 列的表格，效果如图 6-46 所示。

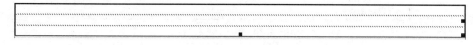

图 6-46　插入表格

4. **修改表格宽度**　在 "代码" 视图下，删去宽度代码，效果如图 6-47 所示。

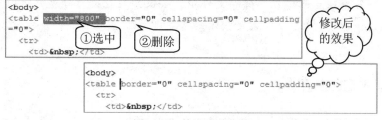

图 6-47　修改表格宽度

5. **设置类**　按图 6-48 所示操作，为表格设置类 right_tdbgall，单击顶部单元格，右击标签<td>，设置类为 right_top。同样的方法，设置中部单元格类为 right_mid，底部单元格类为 right_end。

图 6-48　设置类

6. **编辑文本**　切换到"代码"视图中，输入相应的文本，效果如图 6-49 所示。选择"文件"→"保存全部"命令，预览网页，查看效果。

```
▼ <body>
▼ <table width="800" border="0" cellspacing="0"
  cellpadding="0" class="right_tdbgall">
▼   <tr>
      <td class="right_top">通知公告</td>
    </tr>
▼   <tr>
▼     <td class="right_mid">
        <li>通知公告列表1;</li>
        <li>通知公告列表2;</li>
        <li>通知公告列表3;</li>
        <li>通知公告列表4;</li>
        <li>通知公告列表5;</li>
        </td>
    </tr>
▼   <tr>
      <td class="right_end">更多>></td>
    </tr>
  </table>
</body>
```

图 6-49　编辑文本

　　创建的网页文件结构合理，代码简洁，网页内容和内容的表现(外观)基本分开，各自独立创建在不同的文件中。如果想改变网页外观，可以直接编辑 tzgg.css 文件，重新设定相应的样式即可。

6.3.2　DIV＋CSS 布局

　　利用 DIV+CSS 布局网页是一种盒子模式的开发技术，通过由 CSS 定义的大小不一的盒子和盒子嵌套来编排网页。这种方式排版网页的代码简洁，更新方便，能兼容更多的浏览器，越来越受到网页开发者的欢迎。

实例 5 DIV+CSS 布局首页

如图 6-50 所示是用 DIV+CSS 布局的网站首页半成品，包括页头、主体和页脚三大部分。

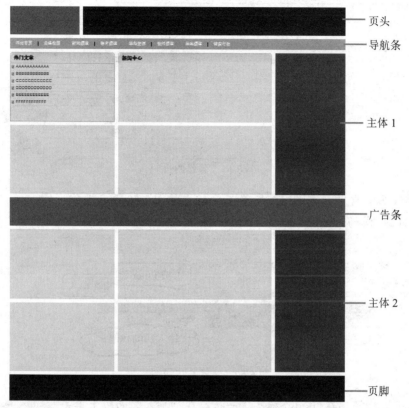

图 6-50 DIV+CSS 布局示意图

整个页面分阶段布局：第 1 阶段是设计页面轮廓，先创建一个网页文档，在代码编辑窗口中输入 DIV 代码，然后在 CSS 编辑窗口中输入样式代码；第 2 阶段布局 Body 体；第 3 阶段布局页头；第 4 阶段布局主体；第 5 阶段布局页脚(省略)。每个阶段都是一边在网页代码编辑窗口中输入 DIV 代码，一边在 CSS 编辑窗口中输入样式代码。

 跟我学

设计页面轮廓

新建网页文档，插入 Div 标签设计 Body 体，创建 CSS 文件，新建规则控制页面样式。

1. **新建网页** 在 Dreamweaver 中新建网页，保存文件名称为 index.html。修改标题为"DIV+CSS 布局"，切换到"代码"视图，代码效果如图 6-51 所示。

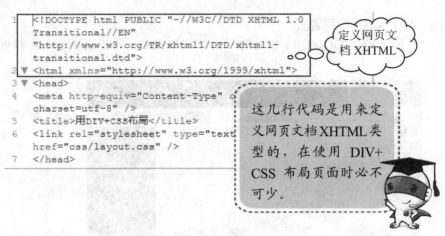

图 6-51　新建网页

2. **链接 CSS 文件**　在`<title>`标签下一行，按图6-52所示操作，输入链接样式文件 layout.css 代码。

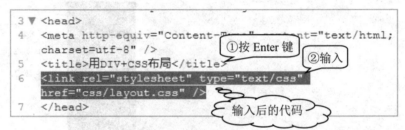

图 6-52　链接 CSS 文件

3. **插入 Div 标签**　在`<body>`标签下一行，在"插入"面板上单击 <img> 插入 Div 标签 按钮，按图 6-53 所示操作，插入一个 Div 标签，切换到"拆分"视图，查看效果。

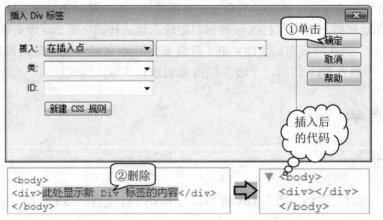

图 6-53　插入 Div 标签

4. **新建 CSS 规则**　选择"文件"→"新建"命令，在弹出的对话框中新建 CSS 文件，保存为 layout.css，输入规则代码如图 6-54 所示。

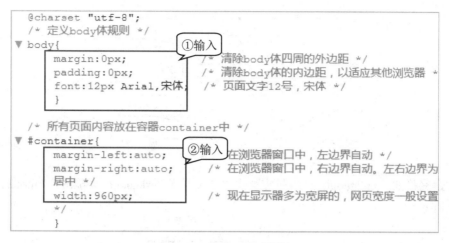

图 6-54　新建 CSS 规则

5. **应用规则**　定位光标在<div>标签代码行中，按图 6-55 所示操作，输入代码，应用规则。

图 6-55　应用规则

在网页中，只用一次的样式一般用 ID 选择器，使用多次的样式常用类选择器。ID 选择器的优先级别最高。

6. **居中页面**　在 layout.css 编辑窗口中，按图 6-56 所示操作，输入代码，使页面居中。

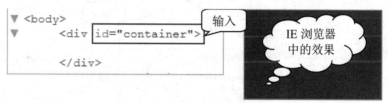

图 6-56　居中页面

布局 Body 体

在 Body 体中，插入 3 个 Div 标签，分别为页头、主体和页脚，新建规则分别控制页头、主体和页脚的样式。

1. **定义盒子**　在<body>标签的盒子中，按图 6-57 所示操作，分别定义页头、主体和页脚 3 个盒子。

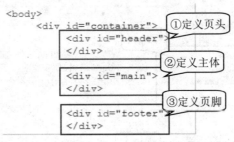

图 6-57　定义盒子

2. **定义样式**　在 layout.css 编辑窗口中，定义样式为#header、#main 和#footer，代码如图 6-58 所示。

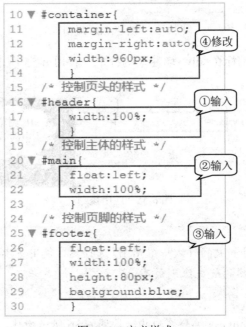

图 6-58　定义样式

3. **添加分隔条**　在 index.html 代码编辑窗口中，添加分隔条标签，代码如图 6-59 所示。

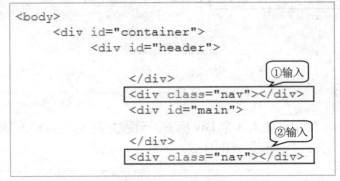

图 6-59　添加分隔条

4. **定义分隔条样式** 在 layout.css 编辑窗口中，按图 6-60 所示输入定义分隔条样式的代码，预览查看效果。

图 6-60 定义分隔条样式

布局页头

在页头盒子中，插入 Div 标签，布局 logo 和 banner，添加 CSS 规则，控制页头中的 logo 和 banner 样式。

1. **插入 Div 标签** 在网页 index.html 代码编辑窗口中，按图 6-61 所示操作，输入标签 logo 和 banner 的代码。

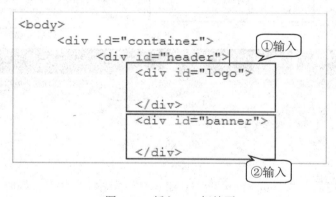

图 6-61 插入 Div 标签页

2. **定义样式** 在 layout.css 编辑窗口中，按图 6-62 所示操作，输入 logo 和 banner 标签的样式控制代码。

3. **插入导航条** 在 index.html 和 layout.css 代码编辑窗口中，按图 6-63 所示操作，分别添加控制代码。

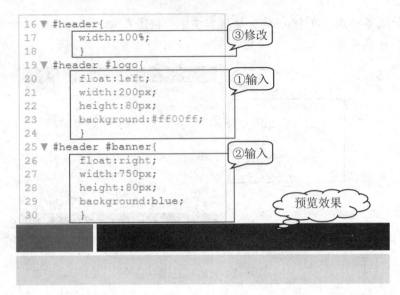

图 6-62　定义样式

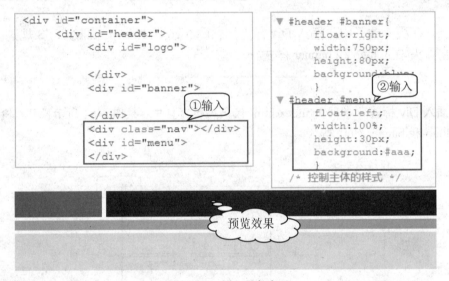

图 6-63　插入导航条

4. **添加导航栏目**　在 index.html 和 layout.css 代码编辑窗口中，按图 6-64 所示操作，分别添加控制代码。

5. **添加栏目分隔线**　在 index.html 和 layout.css 代码编辑窗口中，按图 6-65 所示操作，分别添加控制代码。

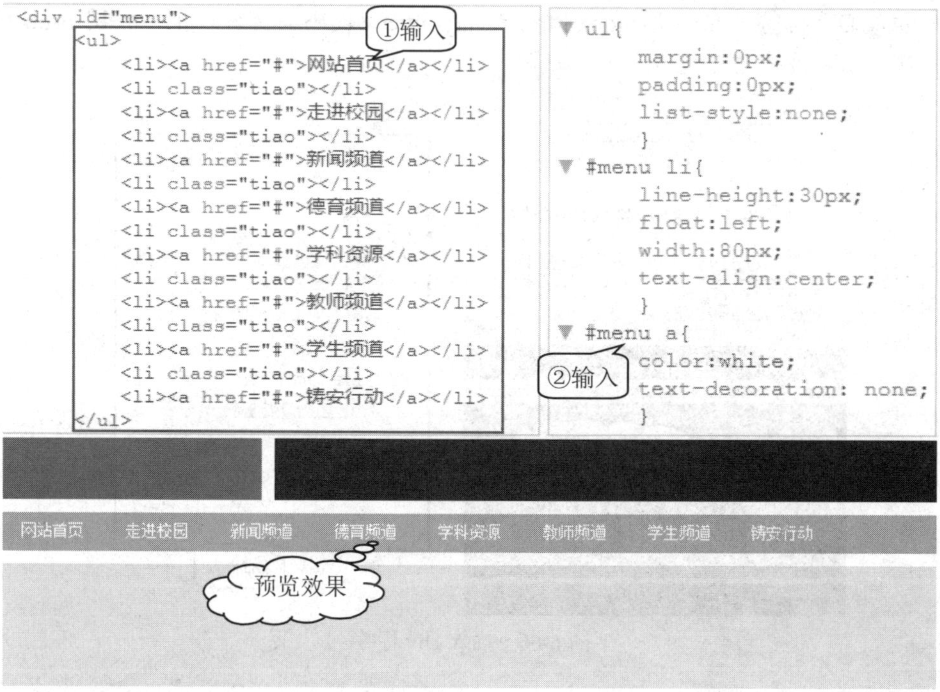

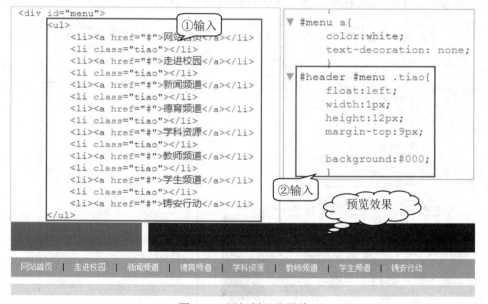

图 6-64　添加导航栏目

图 6-65　添加栏目分隔线

布局主体

　　在主体盒子中，插入 Div 标签，布局多个栏目区域，添加 CSS 规则，控制栏目区域的样式。

1. **插入 Div 标签**　在网页 index.html 和 layout.css 代码编辑窗口中，按图 6-66 所示操作，输入左右 2 个盒子的代码。

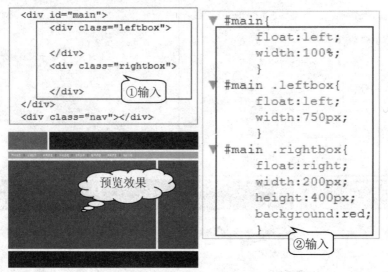

图 6-66　插入 Div 标签

2. **布局左盒子**　在网页 index.html 和 layout.css 代码编辑窗口中，按图 6-67 所示操作，在左盒子中输入左右各 2 个小盒子的代码和样式代码。

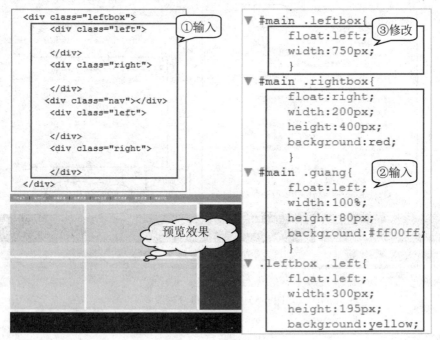

图 6-67　布局左盒子

3. **添加盒子**　在 index.html 代码编辑窗口中，按图 6-68 所示操作，添加左右大盒子代码。

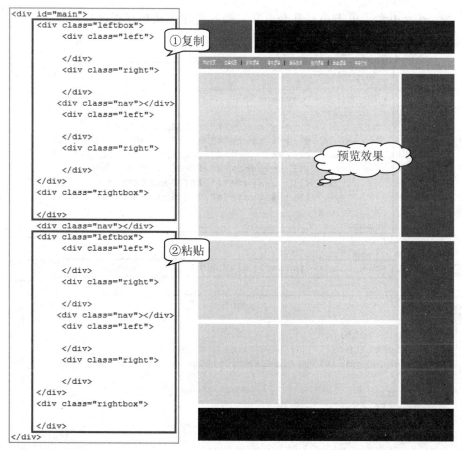

图 6-68　添加盒子

4. **插入广告条**　在网页 index.html 和 layout.css 代码编辑窗口中，按图 6-69 所示操作，在左右大盒子之间插入广告条，输入广告条盒子的代码和样式代码。

图 6-69　插入广告条

5. **布局栏目内容**　在网页 index.html 和 layout.css 代码编辑窗口中，按图 6-70 所示操作，在左小盒子中布局栏目和内容，输入内容代码和样式代码。

```html
<div class="leftbox">
    <div class="left">
        <div class="title"><h3>热门文章</h3></div>        ①输入

        <div class="content">
            <ul>
                <li><a href="#">AAAAAAAAAAAA</a></li>
                <li><a href="#">BBBBBBBBBBBB</a></li>
                <li><a href="#">CCCCCCCCCCCC</a></li>
                <li><a href="#">DDDDDDDDDDDD</a></li>
                <li><a href="#">EEEEEEEEEEEE</a></li>
                <li><a href="#">FFFFFFFFFFFF</a></li>
            </ul>
        </div>
    </div>
    <div class="right">                                  ②输入
        <div class="title"><h3>新闻中心</h3></div>
    </div>
```
                                                        ③输入

```css
▼ .title{                    /* 控制栏目标题样式 */
    float:left;
    width:100%;
    height:30px;
    background:url(../images/title.png) no-repeat right; /*
    }
▼ .title h3{                  /* 控制栏目标题的文字样式 */
    margin:0px;
    padding:0px;
    padding-left:10px;                              /* 让文字左
    width:100px;                                    /* 让文字显
    line-height:30px;
    font-size:14;
    background:url(../images/title.png) no-repeat left;  /*
    }
▼ .content{                  /* 控制栏目中的内容盒子样式 */
    float:left;
    width:298px;                              /* 下面的边框占用2
    height:164px;
    border:1px solid #bbb;                    /* 边框占2个像素 *
    }
▼ .content li{               /* 控制栏目中的内容列表样式 */
    width:100%;
    height:20px;
    text-align:left;
    line-height:20px;
    background:url(../images/dot.gif) repeat-x bottom;  /* 在
    }
▼ .content li a{             /* 控制栏目中的内容列表的文字样式 */
    text-decoration:none;
    padding-left:15px;                              /* 文
    background:url(../images/li_icon.gif) no-repeat 0 center
    }
```

图 6-70　布局栏目内容

6. **新建链接样式**　在 layout.css 代码编辑窗口中，按图 6-71 所示操作，输入链接对象的样式代码。

图 6-71　新建链接样式

 知识库

1. CSS 布局简介

网页中的表格或者其他区块都具备内容(content)、填充(padding)、边框(border)、边界(margin)等基本属性，一个 CSS 盒子也具备这些属性。如图 6-72 所示是一个 CSS 盒子示意图。在利用 DIV+CSS 布局网页时，需要利用 CSS 定义大小不一的 CSS 盒子及盒子嵌套。

图 6-72　CSS 盒子示意图

2. 设置 float 浮动

CSS 的 float 属性作用是改变块元素(block)对象的默认显示方式。使用 float(浮动)时，可以使用一个大盒子(容器)把其中的各个浮动小盒子组织在一起，使其在同一行中显示，以达到更好的布局效果。

3. 清除 float 浮动

应用了浮动的盒子下面要新起一行，开始新的一行布局时，需要使用 clear(清除)属性，清除浮动。

4. 使用浮动方法的要点

使用浮动方法进行网页布局的 3 个要点：容器(多列需要容器)、浮动 float(一行显示多个盒子需要设置 float 属性)、清除 clear(浮动之后必须进行清除，以恢复正常的文档流)。

5. 绝对定位

绝对定位是一种常用的 CSS 定位方法。Dreamweaver 中的层布局(AP DIV)就是一种简单的绝对定位方法。绝对定位的基本思想和层布局基本相同，但是功能更加强大。

绝对定位在CSS中的写法是：position:absolute。它应用top(上)、right(右)、bottom(下)、left(左)进行定位。默认的坐标是相对于整个网页(body标签)的，如果其父容器定义了position:relative，则相应的坐标就是相对于其父容器。

6. 相对定位

相对定位的 position 为 relative。position:relative 可以定义 HTML 元素的子元素绝对定位的原点为该 HTML 元素，而不是默认的 body。

相对定位的元素没有脱离文档流,如果一个网页中的一个HTML元素设置了相对定位,并对 top、left、right 或 bottom 的值进行了设置,假设其子元素没有绝对定位,那么该网页中所有其他部分的显示效果和位置都不变,只是设置了相对定位的元素位置发生了变化,并有可能和其他部分重叠。

6.4 小结和习题

6.4.1 本章小结

网站的设计，不仅体现在具体内容和细节的设计制作上，还需要对其框架进行整体的把握。在进行网站设计时，需要对网站的版面与布局进行整体性的规划，其具体布局方法如下。

- **网页布局基础知识**：主要介绍了网页布局的常见结构，有"国"字型、"三"字型、"川"字型等；网页布局的方法有纸上布局法和软件布局法；可以通过 HTML 和 CSS 技术实现。
- **使用表格精确定位**：主要介绍了在页面中插入表格、设置表格属性、认识表格的标签、用表格布局网页和表格模式等。
- **使用 CSS 灵活布局**：详细介绍了"表格+CSS 布局网页"和"DIV+CSS 布局网页"两种方法。其中 DIV+CSS 布局是基于 Web 标准的网页设计方法，是目前广泛应用的网页设计方法，国内外绝大多数大中型网站都是由基于 Web 标准的方法设计的。

6.4.2 强化练习

一、选择题

1. 在定义表格属性时，在<table>标签中可以设置表格边框颜色的属性是(   )。

    A. border   B. bordercolor   C. color   D. colspan

2. 某一站点主页面 index.html 的代码如下所示，则下列选项中关于这段代码的说法正确的是(　　)。

```
<html>
<frameset border="5" cols="*,100">
  <frameset rows="100,*">
    <frame src="top.html" name="topFrame" scrolling="No"/>
    <frame src="left.html" name="leftFrame"/>
  </frameset>
  <frame src="right.html" name="rightFrame" scrolling="No">
</frameset>
</html>
```

  A. 该页面共分为三部分

  B. top.html 显示在页面上部分，其宽度和窗口宽度一致

  C. left.html 显示在页面左下部分，其高度为 100 像素

  D. right.html 显示在页面右下部分，其高度小于窗口高度

3. 要创建一个左右框架，左边框架宽度是右边框架的 3 倍，以下 HTML 语句正确的是(　　)。

  A. <frameset cols="*,2*">   B. <frameset cols="*,3*">

  C. <frameset rows="*,2*">   D. <frameset rows="*,3*">

4. 下面关于层的说法，错误的是(　　)。

  A. 使用层进行排版是一种非常自由的方式

  B. 层可以将网页在一个浏览器窗口中分隔成几个不同的区域，在不同的区域内显示不同的内容

  C. 可以在网页上任意改变层的位置，实现对层的精确定位

  D. 层可以重叠，因此可以利用层在网页中实现内容的重叠效果

5. 在下面所示的 CSS 样式代码中，定义的样式效果是(　　)。

```
a:link {color:#ff0000;}
a:visited{color:#00ff00;}
a:hover{color:#0000ff;}
a:active{color:#000000;}
```

  A. 默认链接是绿色，访问过链接是蓝色，鼠标上滚链接是黑色，活动链接是红色

  B. 默认链接是蓝色，访问过链接是黑色，鼠标上滚链接是红色，活动链接是绿色

  C. 默认链接是黑色，访问过链接是红色，鼠标上滚链接是绿色，活动链接是蓝色

  D. 默认链接是红色，访问过链接是绿色，鼠标上滚链接是蓝色，活动链接是黑色

二、判断题

1. HTML 语言中的<head></head>标签的作用是通知浏览器该文件含有 HTML 标记码。

           (　　)

2. 扩展表格模式便于在表格内部和表格周围选择，此模式不像浏览器那样显示表格。

（　　）

3. CSS 样式不仅可以在一个页面中使用，而且可以用于其他多个页面。　　（　　）

4. CSS 技术可以对网页中的布局元素(如表格)、字体、颜色、背景、链接效果和其他图文效果实现更加精确的控制。

（　　）

5. 在 Dreamweaver 中，不可以把已经创建的仅用于当前文档的内部样式表转化为外部样式表。

（　　）

第 7 章

添加网页特效

一个优秀的网站,不仅需要搭建合理的结构、丰富多彩的内容,得当的网页特效也会使网站更加吸引人。在 Dreamweaver CC 2018 中,可通过 CSS3 设计动画、行为和框架等方法来添加网页特效,使用简单方便,效果明显。

本章通过实例,介绍了各种网页特效的效果和添加网页特效的方法。

本章内容:
- 使用 CSS3 设计动画特效
- 使用行为添加网页特效
- 使用框架设置网页特效

7.1 使用 CSS3 设计动画特效

CSS3 动画分为过渡、变换和关键帧 3 种类型，其都是通过改变 CSS 属性值来创建动画效果的。CSS 变换呈现的是变形效果，CSS 过渡呈现的是渐变效果，如渐显、渐隐、快慢等。使用 CSS3 Animations 可以创建类似 Flash 的关键帧动画。

7.1.1 设计过渡动画特效

Transition 属性允许 CSS 属性值在一定的时间区间内平滑地过渡，这种效果可以在单击获得焦点、被点击或对元素进行的任何改变中触发。

实例 1 设计折叠框过渡效果

本例使用 CSS3 的目标伪类(:target)设计精巧的折叠面板，即在页面中插入折叠面板栏目，把 3 个栏目整合到一个面板中，通过折叠样式设计栏目的切换，如图 7-1 所示。

图 7-1 设计折叠框过渡效果

在网页中设计标签，添加折叠面板项的内容，插入并设置图片，新建类选择器，设置并应用类样式，新建并应用过渡效果。

 跟我学

1. **新建文件** 启动 Dreamweaver CC 软件，打开 test.html 文件，另存为 test1.html。
2. **设计标签** 切换到代码视图，在<div id="apDiv1">标签中输入如图 7-2 所示的代码，设计<div>标签，分别为每个子<div>标签定义一个 ID 值，名称为 aa、bb 和 cc。

```
<div>
    <div id="aa"></div>
    <div id="bb"></div>
    <div id="cc"></div>
</div>
```

图 7-2　设计标签

3. **添加折叠面板项的内容**　在 `<div id="aa">` 中，按图 7-3 所示操作，输入文本 "女装品牌"，在属性面板中设置 "格式" 为 "标题 3"。

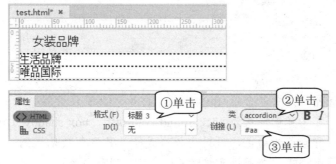

图 7-3　设计折叠面板项的内容

4. **插入图像**　按 Enter 键新建段落，选择 "插入" → images 命令，在 images 文件夹中找到 nzpp.jpg 图片，插入页面中，效果如图 7-4 所示。

图 7-4　插入图像

5. **设置图片**　切换到代码视图，取消图片包含的 `<p>` 标签，选择 "编辑" → "快速标签编辑器" 命令，在图像外面包裹一层 `<div>` 标签，如图 7-5 所示。

```
<div><img src="images/nzpp.jpg" width="1091" height="592"/></div>
```

图 7-5　设置图片

6. **设计第二、三选项** 用同样的方法，设计第二选项和第三选项的标题和内容框，在代码视图中，可以看到完整的代码，如图 7-6 所示。

```
58 ▼ <div id="apDiv1">
59 ▼   <div class="accordion">
60 ▼     <div id="aa">
61         <h3 class="accordion"><a href="#aa">女装品牌</a></h3>
62         <div><img src="images/nzpp.jpg" width="1091" height="592"/></div>
63       </div>
64 ▼   <div id="bb">
65       <h3>生活品牌</h3>
66       <img src="images/shpp.jpg" width="1091" height="624"/>
67     </div>
68 ▼   <div id="cc">
69       <h3>唯品国际</h3>
70       <img src="images/wpgj.jpg" width="1091" height="612"/>
71     </div>
72   </div>
73 </div>
```

图片代码

图 7-6 设计第二、三选项

7. **新建类选择器** 选中包含框<div>标签，打开"CSS 设计器"面板，新建.accordion 类选择器。定义背景样式为 background-color:#fff、box-shadow:1px 1px 1px #ddd，设计包含框背景色为白色，设计边框样式等，具体参数见样例。

8. **设置并应用类样式** 在属性面板的 Class 下拉列表中选择 accordion，为当前标签应用 accordion 类样式。

9. **新建过渡效果** 选择"窗口"→"CSS 过渡效果"命令，打开"新建过渡效果"面板，按图 7-7 所示操作，新建过渡效果。

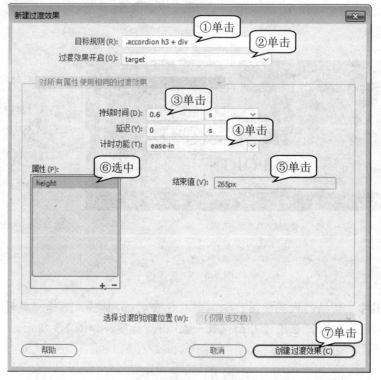

图 7-7 新建过渡效果

10. **查看自动添加的样式**　切换到代码视图，查看自动添加的样式，如图7-8所示。按 Ctrl+S 键保存文件，再按 F12 键浏览作品。

```
39 ▼  .accordion h3+div {
40         -webkit-transition: all 0.6s ease-in;
41         -o-transition: all 0.6s ease-in;
42         transition: all 0.6s ease-in;
43    }
44    .accordion h3+div:target {height: 592px;}
```

CSS 过渡效果代码

图 7-8　查看自动添加的样式

7.1.2　设计变形动画特效

使用 Transform 特性，可以实现文字、图像等网页对象的变形处理，如网页对象的旋转、缩放、倾斜和移动等。

实例 2　设计变形菜单

定义鼠标经过网站导航菜单时，当前菜单项会向右下角位置偏移 2 个像素，同时改变项目标签和超链接标签的背景色，设计一种立体变形效果；当鼠标移开菜单项时，又重新恢复默认的显示状态，效果如图 7-9 所示。

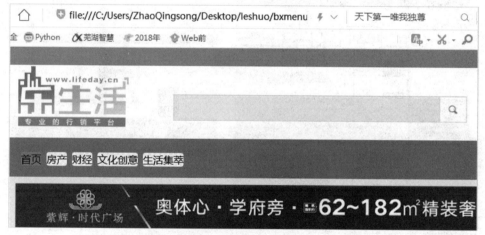

图 7-9　设计变形菜单

输入导航菜单文字，转换格式，新建样式，新建选择器，输入位移动画代码。

跟我学

1. **输入导航菜单文字**　打开文件 bxmenu.html，在页面中插入一个菜单栏，按图 7-10 所示操作，输入文本"首页"等，完成整个网站菜单文本的输入工作，选中文本，设置格式为"段落"。

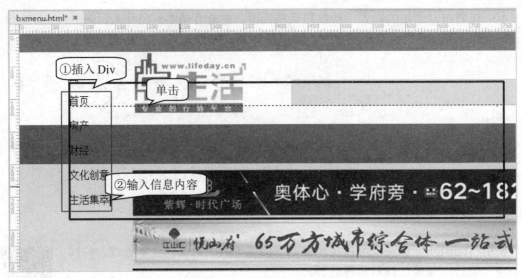

图 7-10　输入导航菜单文字

2. **转换格式**　按图 7-11 所示操作，在属性面板中，把段落格式转换为列表格式。

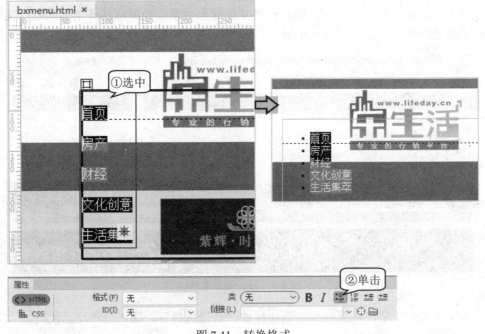

图 7-11　转换格式

3. **定义样式**　在"CSS 设计器"面板中，按图 7-12 所示操作，新建选择器，命名为"ul，li"，在属性列表中定义布局样式，定义项目符号为 none。

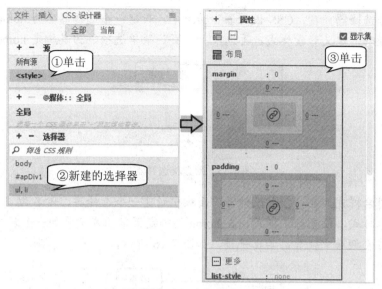

图 7-12　定义样式

4. **新建选择器**　在 "CSS 设计器" 面板中，新建一个选择器，命名为 li，按图 7-13 所示操作，定义布局样式，设置边框样式和背景样式，定义背景颜色为浅灰色。

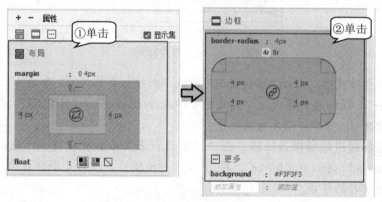

图 7-13　新建选择器

5. **新建 a 选择器**　选中<a>标签，在 "CSS 设计器" 面板中新建一个选择器，命名为 a，为<a>标签定义显示样式，按图 7-14 所示操作，定义布局、字体等样式。

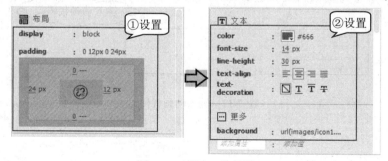

图 7-14　新建 a 选择器

6. **新建类选择器** 在 "CSS 设计器" 面板中，新建一个选择器名为.home，按图 7-15 所示操作，定义背景样式，再选中 "首页" 菜单选项，为其绑定 home 类样式。

图 7-15 新建类选择器

7. **设计复合样式** 在 "CSS 设计器" 面板中新建一个选择器，命名为 ".home a"，定义文本样式，设置背景样式，在 home 类绑定菜单项左侧添加一个装饰性图标，并定位在左侧居中位置，禁止平铺，如图 7-16 所示。

图 7-16 设计复合样式

8. **设计复合样式组** 在 "CSS 设计器" 面板中新建一个选择器，命名为 ".home:hover, li:hover"，设计复合样式组，定义背景样式为 background:#C85055，设计鼠标经过时，修改<li>标签背景色为浅红色。

9. **新建鼠标经过超链接选择器** 在 "CSS 设计器" 面板中新建一个选择器，命名为 ".home a:hover, li a:hover"，按图 7-15 所示操作，设计复合样式组，定义鼠标经过超链接时的样式。

10. **定义位移动画** 切换到代码视图，手动输入如图 7-17 所示的代码，定义鼠标经过列表项时，使用 transform 属性定义位移动画，按 Ctrl+S 键保存文件。

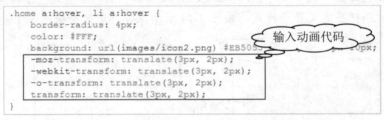

图 7-17 输入动画代码

7.1.3　设计关键帧动画特效

Animation 通过定义多个关键帧，以及定义每个关键帧中元素的属性值来实现更为复杂的动画效果。

实例 3　设计旋转的展品

借助 animation 属性来设计自动翻转的图片效果，该效果模拟在 2D 平面中实现 3D 翻转，如图 7-18 所示。

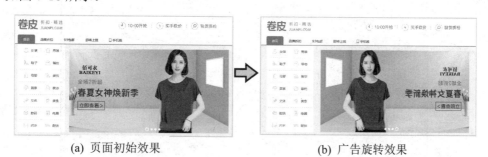

(a) 页面初始效果　　　　　　　(b) 广告旋转效果

图 7-18　设计旋转的展品

在上面动画的页面中插入广告栏目，在广告栏中设计一张服装模特大图，然后让它在 x 轴缓慢地旋转 360 度，以便立体呈现该服装的广告效果。

 跟我学

1. **插入 Div**　打开文件 xuanzuan.html，在页面广告栏位置，选择"插入"→Div 命令，按图 7-19 所示操作进行设置。

图 7-19　插入 Div

2. **新建 CSS 规则**　单击"新建 CSS 规则"按钮，按图 7-20 所示操作，新建规则。

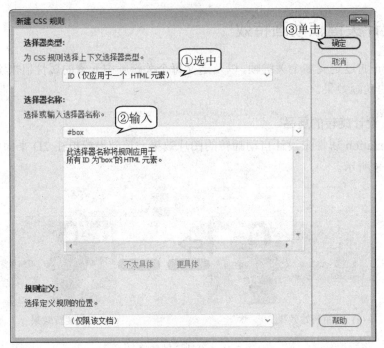

图 7-20　新建 CSS 规则

3. **定义背景**　打开"#box 的 CSS 规则定义"对话框，按图 7-21 所示操作，定义背景。

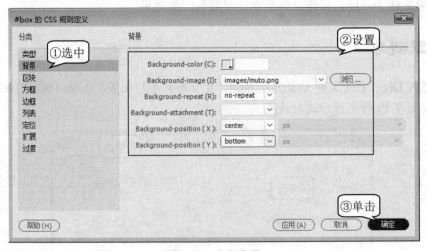

图 7-21　定义背景

4. **定义方框**　按图 7-22 所示操作，定义 CSS 规则。

5. **定义 3D 动画**　切换到代码视图，在#box 样式中添加如图 7-23 所示的代码，定义 3D 动画，设置动画名称为 y-spin，定义动画持续时间为 60 秒，无限次运行，运行效果为匀速运动。

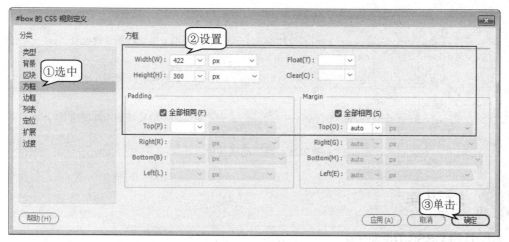

图 7-22　定义方框

```
#box {
    -webkit-transform-style: preserve-3d;
    -webkit-animation-name: y-spin;
    -webkit-animation-duration: 60s;
    -webkit-animation-iteration-count: infinite;
    -webkit-animation-timing-function: linear;
    transform-style: preserve-3d;
    animation-name: y-spin;
    animation-duration: 60s;
    animation-iteration-count: infinite;
    animation-timing-function: linear;
}
```

输入动画代码

图 7-23　定义 3D 动画

6. **调用动画**　通过关键帧命令@keyframes 调用动画 y-spin，设置起始帧，定义中间帧，定义结束帧，编写代码调用动画，如图 7-24 所示。

```
@keyframes y-spin {
0% {
transform: rotateY(0deg);        ——— 定义沿 y 轴旋转到 0 度位置
}
 50% {
transform: rotateY(180deg);      ——— 定义沿 y 轴旋转到 180 度位置
}
 100% {
transform: rotateY(360deg);      ——— 定义沿 y 轴旋转到 360 度位置
}
```

图 7-24　调用动画

7. **调用动画其他方法**　为能够兼容谷歌的 Chrome 和苹果的 Safari 浏览器，同时可以使用如图 7-25 所示的代码，其结构和功能完全与步骤 6 中的代码一样。

```
@-webkit-keyframes y-spin {
0% {
-webkit-transform: rotateY(0deg);————— 定义沿 y 轴旋转到 0 度位置
}
 50% {
-webkit-transform: rotateY(180deg);————— 定义沿 y 轴旋转到 180 度位置
}
 100% {
-webkit-transform: rotateY(360deg);————— 定义沿 y 轴旋转到 360 度位置
}
```

图 7-25　调用动画其他方法

 知识库

1. 认识 CSS3 Transition

Transition 属性允许 CSS 属性值在一定的时间区间内平滑地过渡。其主要包含 4 个属性值，简单说明如表 7-1 所示。

表 7-1　Transition 属性值及说明

属性值	功能说明
transition-property	用来指定当元素的其中一个属性改变时，执行 transition 效果
transition-duration	用来指定元素转换过程的持续时间，单位为 s(秒)，默认值是 0，也就是变换时是即时的
transition-timing-function	允许根据时间的推进去改变属性值的变换速率，如 ease(逐渐变慢，默认值)、linear(匀速)、ease-in(加速)、ease-out(减速)、ease-in-out(加速然后减速)、cubic-bezier(自定义一个时间曲线)
transition-delay	用来指定一个动画开始执行的时间

2. 认识 CSS3 Transform

Transform 属性用来定义变形效果，主要包括旋转(rotate)、扭曲(skew)、缩放(scale)和移动(translate)及矩阵变形(matrix)。Transform 属性的基本语法如下所示，其中参数说明如表7-2 所示。

Transform:none ｜ <transform-function>[<transform-function>]

表 7-2　Transform 属性值及说明

属性值	功能说明
none	不进行变换
transform- function	表示一个或多个变换函数，以空格分开。可以对一个元素进行 transform 的多种属性操作，如 rotate、scale、translate 等，叠加效果需要用逗号(,)隔开，但 transform 中使用多个属性时却需要用空格隔开

3. 认识 CSS3 Animations

Animations通过定义多个关键帧及定义每个关键帧中元素的属性值，实现更为复杂的动画效果。Animations属性的基本语法格式如下：

animation:[<animation-name>||<animation-duration>||<animation-timingfunction>||<animation-delay>||<animation-iteration-count>||<animation-direction>][,[<animation-name>||<animation-duration>||<animation-timing-function>||<animation-delay>||<animationiteration-count>||<animation-direction>]];

animation属性的初始值根据各个子属性的默认值而定，它适用于所有块状元素和内联元素。

7.2　使用行为添加网页特效

在网页中行为就是一段 JavaScript 代码，利用这段代码实现一些动态效果，允许浏览者与网页进行互动，实现网页能够根据浏览者的操作进行智能响应。

7.2.1　交换图像

"交换图像"就是图像切换，用户可以定义网页中图像交换的方式，当操作满足自定义的交换方式时，图像就会变成另一张图像；同时，当操作满足自定义操作时，图像又会恢复到初始的图像。

实例 4　交换图像

交换式按钮是一种动态响应式效果，以增强页面视觉效果，提升用户体验度，演示效果如图 7-26 所示。

图 7-26　交换图像

先在网页中插入一张图片，再在"行为"中添加"交换图像"，并设置该行为为单击鼠标时，显示第2张图像，鼠标移出图像区域时，显示第1张图像。

跟我学

1. **打开文件** 运行 Dreamweaver CC 2018 软件，打开文件 jhtp.html。
2. **插入图像** 选择"插入"→"图像"命令，弹出"选择图像源文件"对话框，选择要插入的图像并插入网页中。
3. **添加行为** 选择"窗口"→"行为"命令，打开"行为"面板，按图7-27所示操作，添加新的行为。按 Ctrl+S 键保存文件，再按 F12 键浏览作品。

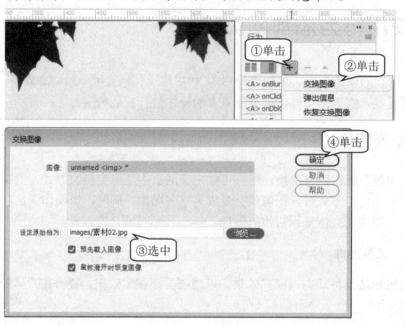

图 7-27 添加行为

7.2.2 弹出信息

使用"弹出信息"行为命令，用户在浏览网页并触发对应的事件后，会弹出一个信息提示窗口，常用于显示欢迎文字或提示用户的信息内容。

实例5 弹出信息

弹出提示信息对话框，实际上该对话框只是一个 JavaScript 提示框，只有一个"确定"按钮，因此，该行为可以给用户提供一些信息，而不能提供选择项，效果如图7-28所示。

设置"弹出信息"行为前要选定触发对象，可以是当前网页，也可以是某个图像或一段文字。然后在"行为"面板中添加"弹出信息"行为，并设置行为触发方式。

图 7-28　"弹出信息"行为效果图

 跟我学

1. **添加行为**　打开文件 tanchu.html，选定行为触发图像，在"行为"面板中，按图 7-29 所示操作，添加"弹出信息"行为。

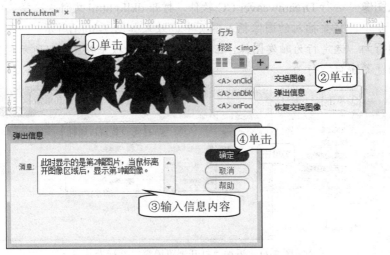

图 7-29　添加"弹出信息"行为

2. **设置行为**　添加完成行为后，在"行为"设置面板中设置"弹出信息"行为 onMouseUp 属性，按 Ctrl+S 键保存文件，再按 F12 键浏览作品。

7.2.3　打开窗口

使用"打开浏览器窗口"行为命令，用户在浏览网页时触发对应的事件后，将弹出一个新窗口并且显示设置的 URL 窗口。

实例 6　打开浏览器窗口

对网页中的图像设置"打开浏览器窗口"行为，单击图像触发事件，打开指定网页。如图 7-30(a)所示为网页显示效果，图 7-30(b)所示为单击图片后显示的打开指定浏览器窗口。

(a) 网页显示效果　　　　　　　　　　　　　(b) 单击后效果

图 7-30　"打开浏览器窗口"行为效果对比

设置一张图像为"打开浏览器窗口"行为触发对象，打开网页后单击图像，触发"打开浏览窗口"事件，在新的窗口中显示指定的网页内容。

 跟我学

1. **插入图像**　运行 Dreamweaver CC 软件，打开 dkllq.html 文件，选择"插入"→"图像"命令，将要插入的图像插入网页中，效果如图 7-30(a)所示。

2. **添加行为**　选定行为触发图像，在"行为"设置面板中按图7-31所示操作，添加"打开浏览器窗口"行为。

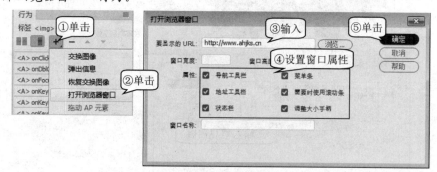

图 7-31　添加"打开浏览器窗口"行为

3. **设置行为**　完成添加行为后，在"行为"设置面板中设置"打开浏览器窗口"行为 onClick 属性，按 Ctrl+S 键保存文件，再按 F12 键浏览作品。

7.2.4　其他效果

在 Dreamweaver CC 2018 中，可以通过行为中的"效果"选项对对象进行效果显示、效果渲染，以增强网页的视觉效果。效果选项包括 blind(滑动)、bounce(上下晃动)、clip(挤压)、drop(抽出)和 fade(渐隐)等 12 种。

实例 7　向上滑动效果

对网页中的图像设置"效果"行为，设置单击图像时图像向上滑动隐藏。如图 7-31(a)
所示是一张待单击的图像，图 7-32(b)所示是一个单击后的隐藏效果。

(a)　单击前效果　　　　　　　　　　　　(b)　单击后效果

图 7-32　向上滑动效果

在设置图像行为时，先要选中设置的图像，并设定触发动作。

 跟我学

1. **插入图像**　运行 Dreamweaver 软件，打开 blind.html 文件，选择"插入"→"图像"
命令，插入图像到网页中，效果如图 7-32(a)所示。
2. **添加滑动效果**　选定行为触发图像，在"行为"设置面板中按图7-33所示操作，添
加 Blind 效果。

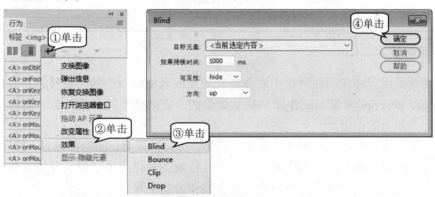

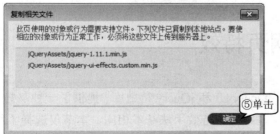

图 7-33　添加 Blind 效果

3. **设置行为**　添加完成行为后,在"行为"设置面板中设置"晃动"行为 onMouseMove 属性,按 Ctrl+S 键保存文件,再按 F12 键浏览作品。

知识库

1. Dreamweaver CC 2018 行为

在 Dreamweaver CC 2018 中,对象行为种类众多,作用也各不相同,表 7-3 罗列出了部分行为的动作名称和功能。

表 7-3　部分行为的动作名称和功能

动作名称	动作的功能
交换图像	发生事件后,用其他图像来取代选定的图像
弹出信息	设置事件发生后,弹出窗口显示信息
恢复交换图像	设置事件后,恢复先前已经交换的图像
打开浏览器窗口	在新窗口中打开 URL,可以定制窗口大小
拖动 AP 元素	设置鼠标可以拖动相应的 AP Div 元素
改变属性	改变选定对象的属性
效果	设置对象显示效果,有 12 种效果
显示-隐藏元素	根据设定的事件,显示或隐藏指定的内容
检查插件	检查当前设备是否具备相应的插件
检查表单	检查当前网页是否具有指定的表单
设置文本	在指定的内容中显示相应的内容

2. 网页特效

网页特效是用程序代码在网页中实现特殊效果或者特殊功能的一种技术,是用网页脚本(javascript、vbscript)来编写制作动态特殊效果的。它活跃了网页的气氛,有时候还会起到具有一定亲和力的作用。

网页特效一般分为时间日期类、页面背景类、页面特效类、图形图像类、按钮特效类、鼠标事件类、Cookie脚本、文本特效类、状态栏特效类、代码生成类、导航菜单类、页面搜索类、在线测试类、密码类、技巧类、综合类和游戏类等。

7.3　使用框架设置网页特效

Dreamweaver CC 2018 中捆绑了 jQuery UI 和 jQuery 特效库,提供了一种友好、可视化的操作界面,方便用户调用。由于这些组件和特效用法基本相同,本节仅选择了常用的组件和特效以案例的形式介绍。

7.3.1　设计选项卡特效

选项卡组件就是把多个内容框叠放在一起,通过标题栏中的标题进行切换。

实例 8　设计选项卡
本案例将在页面中插入一个 Tab 选项卡,设计一个登录表单的切换版面,
当鼠标经过时,会自动切换表单面板,效果如图 7-34 所示。

图 7-34　设计选项卡

制作时,先在 Dreamweaver CC 中新建盒子,在其中插入 Tabs 面板,然后设置 Tabs 面板,输入标题和内容,调整 Tabs 面板的位置和大小。

跟我学

1. **插入 Tabs 面板**　运行 Dreamweaver CS6 软件,打开 xxk.html 文件,新建<div id="box"></div>标签,选择"插入"→jQuery UI→Tabs 命令,按图 7-35 所示操作,在当前标签中插入一个 Tabs 面板。

图 7-35　插入 Tabs 面板

2. **设置面板** 按图 7-36 所示操作，减少一个选项，并设置事件为"鼠标经过"。

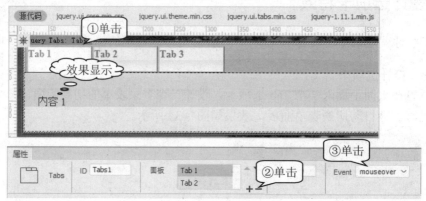

图 7-36 设置面板

3. **编辑选项标题** 按图 7-37 所示操作，编辑选项的标题，保存文档，并保存相关技术支持文件。

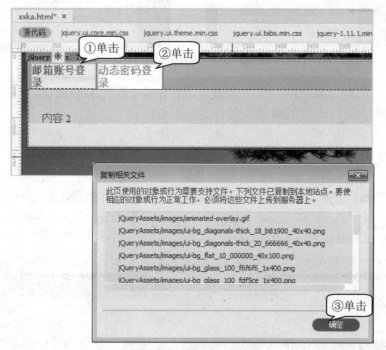

图 7-37 编辑选项标题

4. **输入内容** 按图 7-38 所示操作，插入表单截图。

5. **清除包含框** 在编辑窗口中选中内容包含框，在"CSS 设计器"面板中，按图 7-39 所示操作，清除包含框的 padding 默认值。

6. **调整 Tabs 面板位置大小** 切换到代码视图，将类样式代码修改为如图 7-40 所示的代码，按 Ctrl+S 键保存文件，再按 F12 键浏览作品。

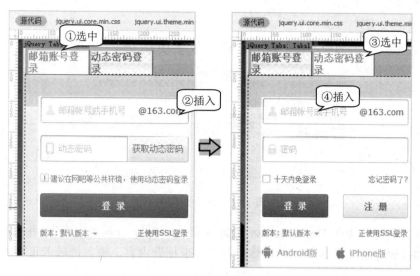

图 7-38 输入内容

图 7-39 清除包含框

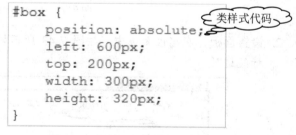

图 7-40 调整 Tabs 面板位置大小

7.3.2 设计手风琴特效

手风琴组件是一组折叠框，在同一时刻只能有一个内容框被打开。每个内容框都有一个与之关联的标题，用来打开该内容框，但同时也会隐藏其他内容框。

实例 9 设计手风琴

本案例在页面中插入一个手风琴，设计一个折叠式版面，当鼠标经过时，会自动切换折叠面板，效果如图 7-41 所示。

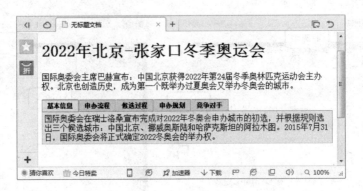

图 7-41　设计手风琴

　　制作本案例时，先在 Dreamweaver CS6 中插入"Spry 选项卡面板"，并根据知识内容的需要添加或删除选项卡数量，然后修改各选项卡标题内容，输入选项卡正文内容。

 跟我学

1. **插入折叠式面板**　打开文件 sfq.html，选择"插入"→jQuery UI→Accordion 命令，在当前网页中插入一个 Accordion 面板，效果如图 7-42 所示。

图 7-42　插入折叠式面板

2. **设置面板**　在属性面板中，按图 7-43 所示操作，添加 2 个面板，设置事件为"鼠标经过"。

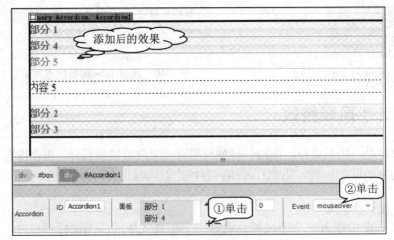

图 7-43　设置面板

3. **添加标题和内容**　在各个标题框中输入相应的标题，在各个内容框中插入相应的内容图片，保存文档，按图 7-44 所示操作，保存相关的技术支持文件。

图 7-44　复制相关文件

4. **清除外框**　在"CSS 设计器"面板中，选择内部样式表，新增选择器#Accordion1，定义样式为 padding:0;，清除内容包含框的补白，按 Ctrl+S 键保存文件。

 知识库

1. 选项卡组件

选项卡组件是基于底层的HTML元素结构，该结构是固定的，组件的运转依赖一些特定的元素。选项卡本身必须从列表元素中创建，列表结构可以是有序的，也可以是无序的，并且每个列表项应当包含一个span元素和一个a元素。每个链接还必须具有相应的div元素，与它的href属性相关联。例如：

```
<ul>
   <li><a href="#tabs"><span>标题</span></a></li>
</ul>
<div id="tabs1">Tab 面板容器</div>
```

对于该组件来说，必要的CSS样式是必需的，默认可以导入jquery.ui.all.css文件或者jquery.ui.tabs.css文件，也可以自定义CSS样式表，用来控制选项卡的基本样式。

2. 手风琴组件

手风琴组件可以高度配置，与选项卡类似，只不过它是垂直摆放而不是水平摆放的。创建手风琴组件不需要特定结构，使用 ID 指定页面上需要转换为手风琴的包含框，然后使用 accordion()函数可以快速创建手风琴组件。

如果不指定样式，手风琴组件将会占据 100%宽度，可以通过自定义样式来控制手风琴及其内容框的外观，还可以使用UI库所提供的default或flora主题，或者使用主题定制器定制组件风格。

7.4　小结和习题

7.4.1　本章小结

本章主要介绍了添加网页特效所必须具备的基础知识，具体包括以下主要内容。

- **使用 CSS3 设计动画特效**：详细介绍了 CSS3 动画的过渡、变换和关键帧 3 种类型，通过改变 CSS 属性值来创建动画效果的具体方法。
- **使用行为添加网页特效**：介绍了在网页中行为就是一段 JavaScript 代码，利用这段代码实现交换图像、弹出信息、打开窗口和滑动效果等。
- **使用框架设置网页特效**：在 Dreamweaver CC 2018 中捆绑了 jQuery UI 和 jQuery 特效库，提供了一种友好的、可视化的操作界面，方便用户调用。本节详细介绍了设计选项卡组件和设计手风琴组件的用法，以及产生特效的方法和技巧。

7.4.2　强化练习

一、填空题

1. CSS3 动画有_____、_____和_____3 种类型，都是通过改变 CSS_____创建动画效果的。

2. CSS Transition 呈现的是一种过渡效果，如_____、_____和_____等。

3. 在 Dreamweaver CC 2108 中，使用 Transform 特性可以实现文字、图像等对象的_____、_____、_____和_____的变形处理。

4. 在本节中，已经学习过的行为效果有_____、_____、_____和_____。

5. 在 Dreamweaver CC 2108 中，捆绑了_____和_____特效库，提供了一种友好的、可视化的操作界面，方便用户调用。

二、问答题

1. 简述添加网页特效的方法。
2. 简述网页行为的种类。
3. 请分析行为中效果选项的各项功能。
4. 简述使用框架添加网页特效的方法。

第8章

构建动态网站

动态网站能显示不同的内容,如常见的淘宝、京东等购物网站,BBS、留言板等系统。动态网站中的动态网页文件里包含了程序代码,通过后台数据库与 Web 服务器的信息交互,由后台数据库提供实时数据更新和数据查询服务。构建动态网站不仅要掌握网页制作、数据库设计、表单设计,还要掌握服务器环境配置、数据库连接和查询等技术。

Dreamweaver 提供了强大的动态网站开发、测试、上传和维护等功能,方便学习和设计动态网页。本章将以 Dreamweaver 与 Access 数据库为基础,通过实例来学习动态网页的制作,并构建一个简单的动态网站。

本章内容:
- 安装和配置 IIS
- 制作网页表单
- 建立网站数据库
- 制作动态网页

8.1 安装和配置 IIS

一个网站建设好后，会在 Web 服务器上发布。Web 服务器就是网站服务器，可以向浏览器等 Web 客户端提供文档。网站发布前，都需要安装 IIS 和配置服务器环境。

8.1.1 安装 IIS

IIS 是一种 Web(网页)服务组件，其中包括 Web 服务器、FTP 服务器、NNTP 服务器和 SMTP 服务器，分别用于网页浏览、文件传输、新闻服务和邮件发送等方面。

实例 1   在服务器中安装 IIS 7

在 Windows 7 中成功安装 IIS 7，为建立网站提供服务平台，IIS 管理器运行后，效果如图 8-1 所示。

IIS 7 在默认情况下，系统没有安装组件，需要通过添加程序的方式为服务器安装 IIS 7 组件。

图 8-1   IIS 服务管理窗口

跟我学

1. **打开窗口**   打开"控制面板"窗口，单击"程序"图标，打开"程序和功能"窗口。
2. **添加服务组件**   按图 8-2 所示操作，选中主要服务组件。

图 8-2   添加服务组件

在这里，务必将"万维网服务"选项下的各级子选项都选中，以免网站发布后，不能正常访问。

3. **完成安装** 单击"确定"按钮后，系统会自动安装，等待几分钟后完成 Internet 信息服务的安装。

4. **运行 IIS 管理器** 在"控制面板"中选择查看方式为"大图标"，单击"管理工具"，在右窗格中双击"Internet 信息服务(IIS)管理器"，运行 IIS 管理器。

8.1.2 配置 IIS

IIS 安装成功后，系统自动创建了一个默认的 Web 站点，名称为 Default Web Site。默认站点不安全，因此，重新创建站点，然后对新站点进行配置，让其符合使用要求。

实例 2 配置 IIS 站点

新建一个名称为 asptest 的站点，对其进行相关配置，为后期搭建 ASP 网站做好准备，如图 8-3 所示。

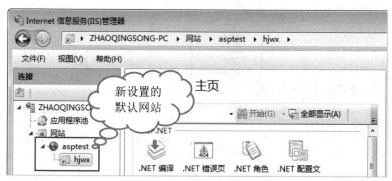

图 8-3 新建 asptest 站点

一个 Web 站点若要符合使用要求，则需要对其进行一定的配置：新建站点，设置网站 IP 和端口号，添加虚拟目录，添加 Everyone 身份等。

 跟我学

1. **删除默认网站** 在"Internet 信息(IIS)管理器"窗口中，按图 8-4 所示操作，删除默认网站。

2. **新建网站** 在"Internet 信息(IIS)管理器"窗口中，按图 8-5 所示操作，新建网站，网站名称为 asptest，主目录为 hjwx。

3. **设置网站 IP 地址** 在"添加网站"对话框中，按图 8-6 所示操作，继续设置网站的 IP 地址为 192.168.1.102，端口号为默认值 80。

图 8-4　删除默认网站

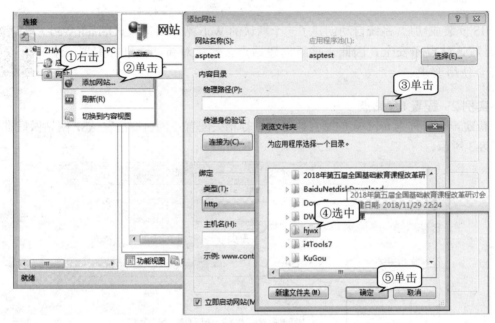

图 8-5　新建网站

图 8-6　设置网站 IP 地址

默认状态下，IP 地址为"全部未分配"，即 IP 地址为 http://localhost/，如果本地仅创建一个网站，建议保持默认值，不用改动。

4. **添加虚拟目录**　右击 asptest 网站，选择"属性"命令，按图 8-7 所示操作，在"添加虚拟目录"对话框中添加虚拟目录。

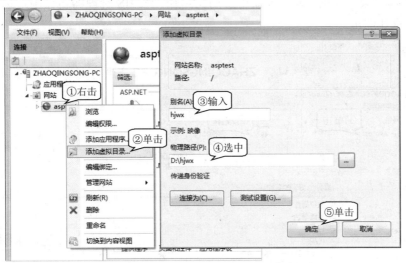

图 8-7　添加虚拟目录

　　为安全起见，网站一般都要添加虚拟目录。把网站映射到本地系统其他目录下，但访问地址不变。

5. **添加 Everyone 身份**　右击添加的虚拟目录 hjwx，按图 8-8 所示操作，在"Everyone 的权限"列表中选中所有选项，任何访问者都可以对网站进行读写操作。

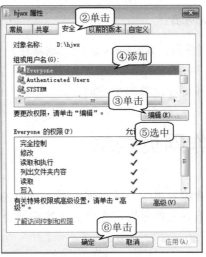

图 8-8　添加 Everyone 身份

知识库

1. 启用父路径

在测试网站时，可能会遇到网页打不开的情况，出现提示信息"不允许的父路径"，这表明需要在远程服务器的 IIS 管理器中启用父路径，在 IIS 管理器窗口中，选中站点，按图 8-9 所示操作即可。

图 8-9 本地的远程服务器启用父路径

2. IIS 默认网站

安装 IIS 组件后，Windows 系统自动新建一个网站，默认名称为 Default Web Site，其物理路径为 C:\inetpub\wwwroot。如果把网站文件复制到默认网站的主目录 C:\Inetpub\wwwroot 下，即可在浏览器中访问。

8.2 制作网页表单

站点访问者填表单的方式是输入文本、单击单选按钮或复选框，以及从下拉列表中选择选项等。在填好表单并提交之后，该数据就会被网站接收并处理。

8.2.1　创建表单

<form></form>是表单的标签，可以把表单看作一个包含很多控件的容器，其中有文本框、单选按钮、复选按钮、下拉列表按钮等对象，为表单提交信息提供更多的可能。

实例 3　创建表单并测试表单

如图 8-10 所示，通过一个登录输入的简单例子，来学习表单的创建方法，了解其中对象的使用方法。

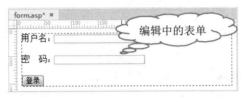

图 8-10　创建表单并测试表单

通过新建动态网页，插入表单、文本框、按钮，修改文本框标签，设置按钮属性，上传表单文件，测试表单。

　跟我学

1. **定义本地站点**　运行 Dreamweaver，选择"站点"→"新建站点"命令，新建本地站点，输入站点名称为 asptest_site，设置本地站点文件夹为 D:\hjwx。
2. **设置"服务器"基本信息**　在打开的"站点设置对象 asptest_site"对话框中，按图 8-11 所示操作，设置服务器名称、连接方法、服务器文件夹和网址。

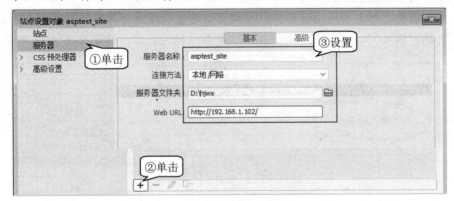

图 8-11　设置"服务器"基本信息

"本地/网络"选项，实现在本地虚拟服务器中建立远程连接，也就是说，设置远程服务器类型为在本地计算机上运行的网页服务器。

3. **设置"服务器"高级信息**   在"站点设置对象 asptest_site"窗口中，按图 8-12 所示操作，设置"远程服务器"和"测试服务器"，完成动态网站 asptest_site 的建立。

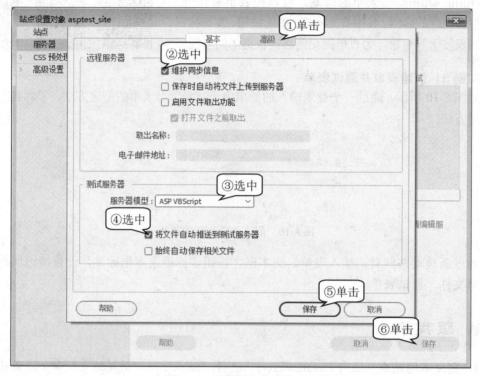

图 8-12   设置"服务器"高级信息

4. **新建动态网页**   在"文件"面板中，右击站点□ 站点 - asptest_site (D:\hjwx)，新建文件，重命名为 form.asp。

5. **插入表单**   双击 form.asp 文件，在网页编辑区切换到"拆分"视图，在左窗口中，选择"插入" → "表单" → "表单"命令，插入表单，效果如图 8-13 所示。

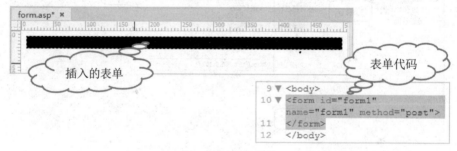

图 8-13   插入表单

新插入的表单处于选中状态，黑色区域是表单区，其外边界是虚线框，会随其中包含的内容而自动调整大小，虚线不会在浏览器中显示。

6. **插入文本框** 在表单区单击，选择"插入"→"表单"→"文本"命令，在光标处
   插入一个文本框，按 Enter 键；用同样的方法再插入一个文本框，效果如图 8-14
   所示。

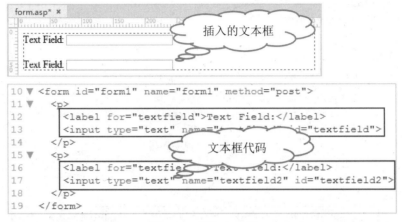

图 8-14 插入文本框

根据页面需要，可以修改文本框前面的标签文本 Text Field:，或者删
除此标签内容。

7. **修改标签** 选中上行标签，将其修改为"用户名:"，再选中下行标签，将其修改为
   "密码:"，调整后，效果如图 8-15 所示。

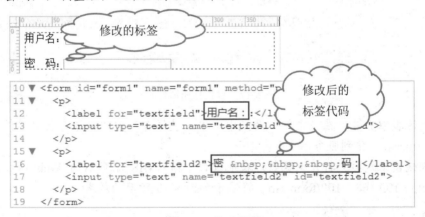

图 8-15 修改标签

为让上下两个标签对齐，在代码窗格中的"密码"文字间输入 3 个
字符串" "，即插入 3 个空格。

8. **插入按钮**　在"密码"文本框后按 Enter 键，插入一行，选择"插入"→"表单"→"提交"命令，插入"提交"表单，效果如图 8-16 所示。

图 8-16　插入按钮

9. **设置按钮属性**　在按钮属性面板中，按图 8-17 所示操作，设置按钮在窗口中显示的文本字符串为"登录"。

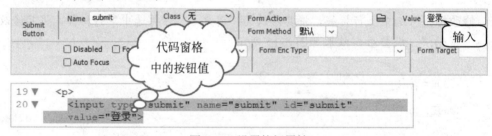

图 8-17　设置按钮属性

10. **上传表单文件**　在"文件"面板中，单击"保存"按钮保存表单文件，将文件 form.asp 上传到服务器中。

11. **测试表单网页**　打开浏览器，在地址栏中输入 IIS 服务器的 Web 网址，本例为 http://192.168.1.102/form.asp，将显示如图 8-18 所示的效果。

图 8-18　测试表单网页

8.2.2　验证表单

创建完表单后，表单的信息需要提交给处理表单的动态页或脚本进行处理。
下面以实例来说明如何处理提交的表单信息。

实例 4　验证提交表单信息

提交表单信息后，用 submit.asp 网页接收并处理信息，显示验证的结果如图 8-19 所示。

图 8-19　验证提交表单信息

新建动态网页文件，输入验证代码，指定验证网页，上传文件，测试提交表单，显示验证信息。

跟我学

1. **新建文件**　在"文件"面板中，右击站点🖿 　站点 - asptest_site (D:\hjwx)　，新建动态网页文件，并保存名称为 submit.asp。

2. **插入输出代码**　双击文件 submit.asp，选择"插入"→ASP 命令，在代码视图窗口中，按图 8-20 所示操作，在<body></body>区域中插入输出代码。

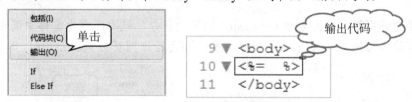

图 8-20　插入输出代码

3. **插入响应代码**　删除"="号，按 2 次 Enter 键后，在第 11 行中，选择"插入"→ASP 命令，按图 8-21 所示操作，插入响应代码。

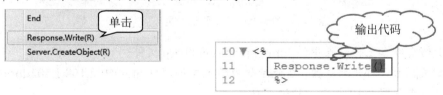

图 8-21　插入响应代码

4. **输入显示用户名信息的代码**　在括号中输入如图 8-22 所示的代码，用于原样输出文字信息和获取用户名文本框中输入的信息。

图 8-22　输入显示用户名信息的代码

5. **输入显示密码信息的代码**　用步骤 3 和 4 的方法，完成如图 8-23 所示的代码，用于原样输出文字信息和获取密码文本框中输入的信息。

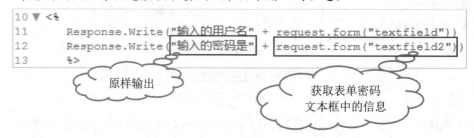

图 8-23　输入显示密码信息的代码

6. **输入换行代码**　输入如图 8-24 所示的代码，让用户名和密码信息换行显示。

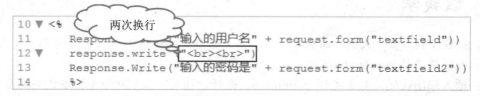

图 8-24　输入换行代码

7. **指定验证网页**　双击文件 form.asp，选择"拆分"视图，在左窗格中选中表单，在表单属性面板中，按图 8-25 所示操作，指定验证网页为 submit.asp，保存。

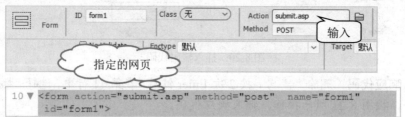

图 8-25　指定验证网页

8. **上传文件**　上传站点中的 form.asp 和 submit.asp 文件。

9. **测试网页**　打开浏览器，在地址栏中输入本例网址 http://192.168.1.102/form.asp，显示效果如图 8-19 所示，验证成功。

知识库

1. 应用程序错误

在测试网站的时候，如果打开网页出现"出现 HTTP 错误 404.0-Not Found 您要找的资源已被删除、已更名或暂时不可用"提示信息，表明应用程序 ASPTEST 中的服务器 Internet Information Services 7.5 错误，解决办法如下。

● **设置托管管道模式**　按图 8-26 所示操作，在"IIS 管理器"窗口的"应用程序池"中，将"托管管道模式"设置为 4.0 经典模式。

图 8-26　设置托管管道模式

● **启用 32 位应用程序**　按图 8-27 所示操作，在应用程序池中的高级设置中，启用 32 位应用程序为 True。保存后，重启 IIS，即可访问正常。

2. Response 对象

Response 对象是 ASP 中常用的对象之一，负责从服务器向用户浏览器中发送输出的结果。例如，Response 对象 write 方法的语法和功能如下。

语法：response.write("字符串" & 变量)

功能：向客户端输出内容，包括字符串和变量值。其中，&是连接符，将字符串和变量值连接起来输出到客户端。+和&是等效的连接符，实例 1 和实例 2 的功能是等效的。

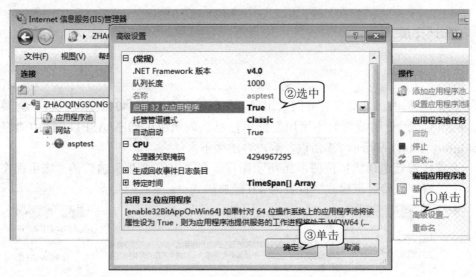

图 8-27　启用 32 位应用程序为 True

3. Request 对象

Request 对象也是 ASP 中常用的对象，用于获取客户端的信息。通过 Request 对象能够获得客户端发送给服务器的信息，但不能将服务器端的数据发送给客户端的浏览器。

例如，下面是 request 的 form 集合的一种形式，用以获取客户端在 Form 表单中所输入的信息(表单的 method 属性值为 POST)。

$$request.Form("name")$$

8.3　建立网站数据库

动态网站一般都需要数据库的支持，数据库可存储网站所有需要动态显示的内容及网站配置信息等。网站数据可以通过网站后台直接发布到网站数据库，网站也可以随时从网站数据库中调用这些数据。

8.3.1　创建 Access 数据库

一个动态网站的建设首先要创建数据库，而创建数据库的重点是构建逻辑结构。下面以 Access 数据库的建立为例，介绍动态网站数据库的设计。

实例 5　新建 Access 数据

使用 Access 软件，新建一个数据库文件作为"花季文学"网站数据库，其中有 2 个表：admin 和 news，效果如图 8-28 所示。

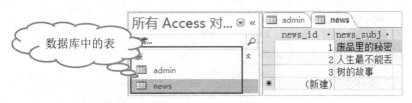

图 8-28　新建数据库

新建数据库，设计最新文章和管理员表，输入并保存数据后，上传数据库文件。

 跟我学

1. **新建数据库**　在 d:\hjwx 下建立子文件夹 data，运行 Access 2013 软件，新建一个名为 database 的数据库文件，保存到 d:\hjwx\ data 文件夹中。

2. **新建"最新文章"表**　按图 8-29 所示操作，新建"最新文章"表，保存表名称为 news。

图 8-29　新建"最新文章"表

3. **新建字段**　按图 8-30 所示操作，新建一个名为 news_id 的字段，用同样的方法，新建其他字段。确认设置 news_id 为主键，保存数据表。

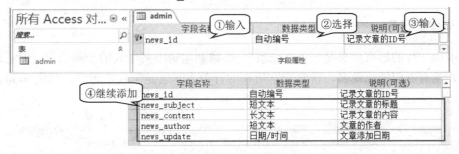

图 8-30　新建字段

4. **创建 admin 表**　按图 8-31 所示操作，新建一个名称为 admin 的表，保存数据表。

5. **输入数据**　按图 8-32 所示操作，在 admin 表中输入数据，单击"保存" ![按钮]按钮保存数据。

6. **上传文件**　运行 Dreamweaver CC 2018，按图 8-33 所示操作，将 asptest_site 整个站点文件上传至远程服务器中，再关闭 Dreamweaver CC 2018。

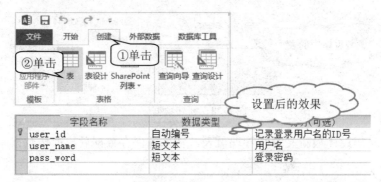

图 8-31　创建 admin 表

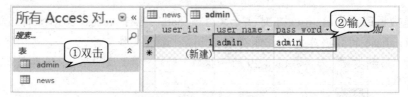

图 8-32　输入数据

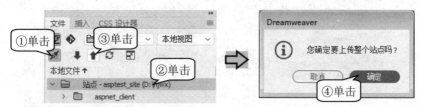

图 8-33　上传文件

 知识库

1. 表中的记录

表中每一行的所有信息是一条"记录"，就像通信录中某个人的全部信息，但记录在数据库中并没有专门的记录名，常常用它所在的行数表示这是第几条记录，如图 8-34 所示。

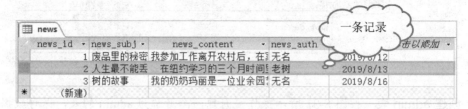

图 8-34　数据库表中的记录

2. 表中的字段

在数据库中，表的"列"称为"字段"，每个字段包含某一专门的信息。就像生活中表格的栏目一样，在 studentInfo 表中，st_name、st_pass 是表中所有行共有的属性，所以把这些列称为 st_name 字段和 st_pass 字段，如图 8-35 所示。

图 8-35　表中的字段

8.3.2　连接 Access 数据库

在 Dreamweaver 中，运用自定义连接字符串测试服务器上的驱动程序，网
站就可以快速地连接到 Access 数据库。

实例 6　连接 Access 数据库

"花季文学"网站数据库 database.mdb 在 Dreamweaver 的数据库面板中，用自定义连
接字符串连接后，可以通过数据库面板查看到连接的数据结构，如图 8-36 所示。

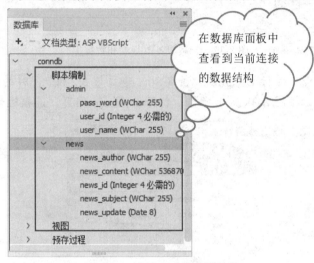

图 8-36　连接成功的数据结构

Dreamweaver CC 不再支持服务器行为，对数据库支持不够完善。因此，本节先安装服
务器行为和数据库，在 Dreamweaver CS6 中建立站点，配置并测试服务器，连接数据库，
获得文件 MMHTTPDB.asp 和 MMHTTPDB.js 后，在 Dreamweaver CC 站点中连接数据库。

 跟我学

1. **安装服务器行为和数据库**　上网搜索、安装、运行 DMXzone Extension Manager 软
   件，按如图 8-37 所示操作，安装服务器行为。

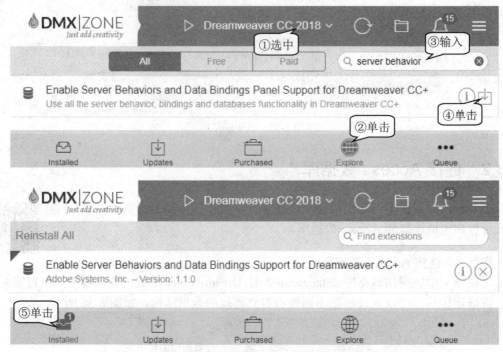

图 8-37　安装服务器行为和数据库

2. **新建测试站点**　运行 Dreamweaver CS6，建立与 8.2.1 节同样的站点，配置并测试服务器之后，按图 8-38 所示操作，打开 form.asp 网页，连接远程服务器。

图 8-38　新建测试站点

Dreamweaver CS6 版本对服务器行为的支持是最完善的，建议读者在本地系统中同时安装 Dreamweaver CS6 和 Dreamweaver CC 2018。

3. **第 1 次连接数据库**　按图 8-39 所示操作，输入下列自定义连接字符串，连接数据库。

"Provider=Microsoft.Jet.OLEDB.4.0; Data Source=" & Server.MapPath("data/database.mdb")

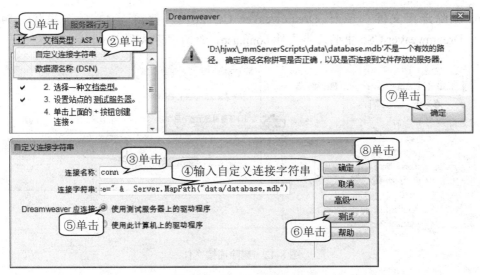

图 8-39　第 1 次连接数据库

> 　　步骤 2 和 3 的目的是在站点文件夹 D:\hjwx_mmServerScripts 中得到文件 MMHTTPDB.asp 和 MMHTTPDB.js。因为 Dreamweaver CC 在连接数据库时，不能自动在此文件夹中生成这 2 个文件。

4. **复制数据库文件夹**　将站点文件夹 D:\hjwx 下的数据库文件夹 data 复制到 D:\hjwx_mmServerScripts 文件夹中，效果如图 8-40 所示。

图 8-40　复制数据库文件夹

5. **重新测试数据库**　在站点运行测试服务器，按图 8-41 所示操作，重新测试数据库，成功创建连接脚本，关闭 Dreamweaver CS6。

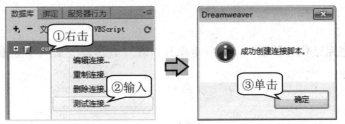

图 8-41　重新测试数据库

6. **删除连接文件** 运行 Dreamweaver CC 2018，按图 8-42 所示操作，删除在 Dreamweaver CS6 中的连接文件 conn.asp，然后打开文件 index.asp。

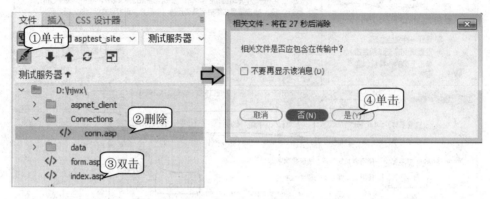

图 8-42　删除连接文件

7. **第 2 次连接数据库** 选择"窗口"→"数据库"命令，在打开的数据库面板中，按图 8-43 所示操作，输入以下自定义连接字符串，连接数据库 database.mdb。

"Provider=Microsoft.Jet.OLEDB.4.0; Data Source=" &

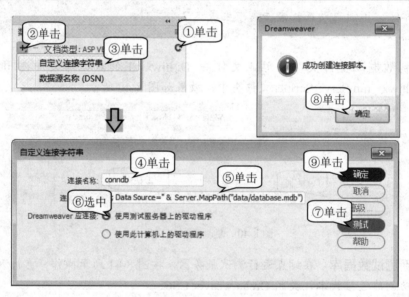

图 8-43　第 2 次连接数据库

8. **查看数据库结构** 按图 8-44 所示操作，在"数据库"面板中查看当前连接的数据结构。

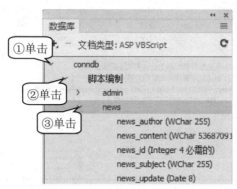

图 8-44　查看数据库结构

 知识库

1. 自定义连接字符串

在 Dreamweaver 中连接 Access 数据库，建议使用 OLEDB 驱动程序连接 Access 2003 版本数据库(*.mdb)，若使用 OLEDB 驱动程序连接 Access 2013 版本数据库(*.accdb)，则连接成功后，会在数据库中的表名前多了 null.字符串，影响绑定记录集。

2. 连接 Access 数据库的错误信息和解决办法

使用 Dreamweaver CC 连接数据库时，常常会出现一些错误。常见的出错信息和解决办法如下。

(1) 自定义连接字符串不正确

图 8-45 所示为两种错误的提示信息，说明输入的自定义连接字符串不正确。

图 8-45　自定义连接字符串不正确

(2) 测试服务器没有运行或映射出错

如图8-46所示，第一种情况，检查远程服务器的IP地址是否设置正确，确保测试服务器正常运行。第二种情况，说明站点子文件夹_mmServerScripts中没有MMHTTPDB.asp和MMHTTPDB.js文件，可以通过Dreamweaver CS6建立站点，配置服务器，连接数据库的办法来获得这2个文件。

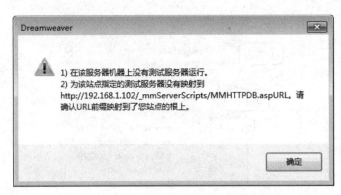

图 8-46　测试服务器没有运行或映射出错

(3) 指定位置没有数据库

如图 8-47 所示，说明指定位置没有找到数据库，可以通过复制数据库文件夹(如/data)到站点子文件夹_mmServerScripts 中。

图 8-47　指定位置没有数据库

8.4　制作动态网页

动态网页是含有后台数据库的网页，页面更新非常方便。动态网站中的动态网页都要连接数据库、定义记录集和绑定记录集，实现与数据库的交互功能。动态网站中一般要有前台网页、文章内容显示页和后台管理相关网页等。

8.4.1　制作前台网页

标准的动态网站一般分为两个部分，一部分网页可展示给浏览者，也就是我们所说的前台网页；另一部分则用于网站管理(网站后台网页)，这部分内容没有授权许可是不能进行浏览的。

实例 7　制作"花季文学"网站首页标题区

"花季文学"网站首页的标题区是动态内容显示区，列表显示发布后的文章标题，制作效果如图 8-48 所示。

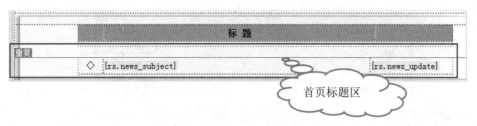

图 8-48 "花季文学"网站首页标题区

运行 Dreamweaver 软件,打开首页半成品文件 index.asp,绑定记录集,并在表格中插入字段等,添加服务器行为(重复区域)。

 跟我学

1. **打开首页半成品** 运行 Dreamweaver CC 2018 软件,在"文件"面板中,双击站点文件夹中的文件 index.asp,打开首页半成品。

2. **绑定记录集** 运行测试服务器,连接好数据库后,选择"窗口"→"绑定"命令,打开"绑定"面板,按图 8-49 所示操作,绑定记录集。

图 8-49 绑定记录集

 记录集是一个临时的数据表,是根据 SQL 查询字符串从数据库中查询所得到的数据。

3. **测试记录集** 按图 8-50 所示操作,测试记录集,可以查询到数据库表中的信息,查询成功。

4. **插入记录集** 按图 8-51 所示操作,在表格的相应单元格中插入记录集。

5. **设置重复显示** 按图 8-52 所示操作,选择"窗口"→"服务器行为"命令,在"服务器行为"面板中,设置重复显示区域。

图 8-50　测试记录集

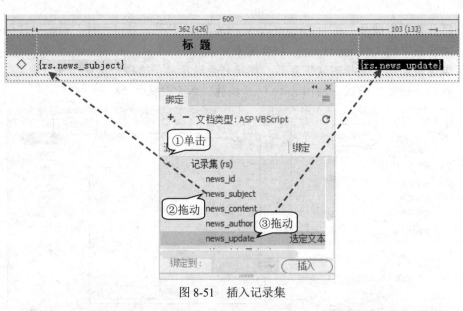

图 8-51　插入记录集

图 8-52　设置重复显示

在默认状态下，记录集只能显示一条当前记录，即第一条记录。如果要在页面中显示多条记录，需要利用"重复区域"服务器行为来实现。

6. **保存文件**　选择"文件"→"保存"命令，保存文件，上传站点所有文件，打开浏览器，输入 http://192.168.1.102/index.asp，浏览网页。

实例 8　制作网站文章内容显示区

文章内容显示页是单击文章目录列表中的文章名称后，用来显示数据库中的文章内容信息的页面，制作效果如图 8-53 所示。

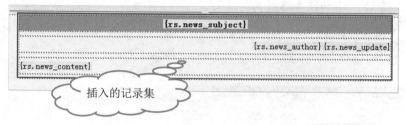

图 8-53　制作网站文章内容显示区

打开文章内容显示页半成品文件 newslist.asp，绑定记录集，在表格中插入相应的字段。切换到首页页面，为其添加服务器行为(转到详细页面)。

 跟我学

1. **打开文件**　在站点文件夹中，双击文件 newslist.asp，打开文章内容显示半成品页面。
2. **绑定记录集**　按图 8-54 所示操作，绑定记录集。

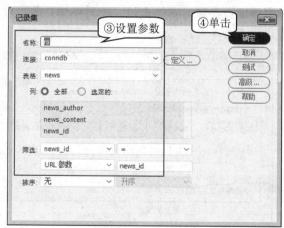

图 8-54　绑定记录集

3. **插入字段**　按图 8-55 所示操作，在表格中插入字段，单击"保存" 按钮，保存内容页。

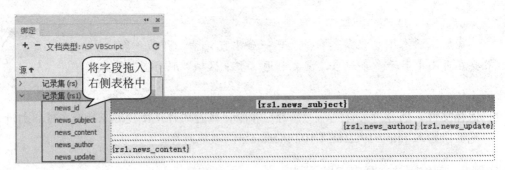

图 8-55　插入字段

4. **添加服务器行为**　按图 8-56 所示操作，切换到首页页面，选择"窗口"→"服务器行为"命令，添加服务器行为。

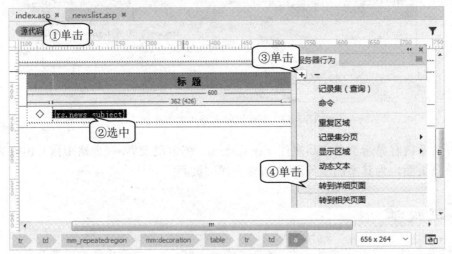

图 8-56　添加服务器行为

5. **设置详细页参数**　在弹出的"转到详细页面"对话框中，按图 8-57 所示操作，设置详细页面参数。

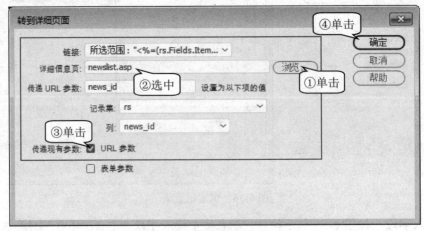

图 8-57　设置详细页参数

6. **保存文件**　按 Ctrl+S 键保存首页文件 index.asp，可以通过浏览器进行浏览。

8.4.2　制作后台管理网页

网站的后台管理页面是网站的核心部分，用户通过后台管理可以很方便地对网站进行维护和数据更新。

实例 9　制作发布文章网页

发布文章网页是指网站管理员在后台操作页面中，用来发布新文章的页面。发布文章页面中，一般包含文章标题、文章作者、文章内容等信息，完成后如图 8-58 所示。

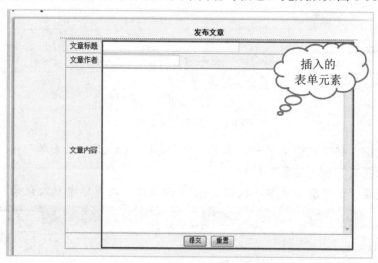

图 8-58　制作发布文章网页

打开发布文章页面半成品文件 newsadd.asp，在表格中插入表单中的元素，添加服务器行为(插入记录)。

 跟我学

1. **打开发布文章页面**　在站点中双击 newslist.asp 文件，打开发布文章半成品页面。
2. **插入文本域**　选择"插入"→"表单"→"文本"命令，按图 8-59 所示操作，在单元格中插入文本域并设置属性。用同样的方法，插入文章作者的文本域。

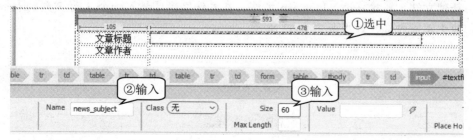

图 8-59　插入文本域

3. **插入文本区域** 移动光标至"文章内容"右侧单元格中,选择"插入" → "表单" → "文本区域"命令,按图 8-60 所示操作,在单元格中插入文本区域并设置。

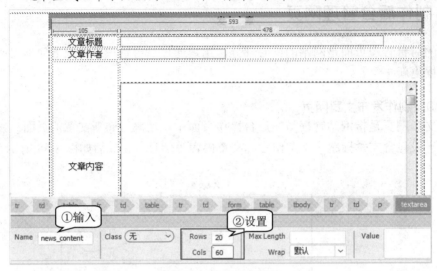

图 8-60 插入文本区域

4. **插入按钮** 移动光标至下一行单元格中,选择"插入" → "表单" → "按钮"命令,插入"提交"和"重置"按钮。

5. **插入记录** 选中整个表单,按图 8-61 所示操作,在表单中插入记录。

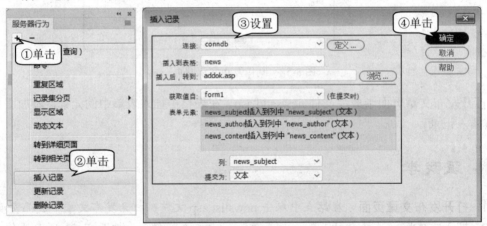

图 8-61 插入记录

6. **新建文件** 新建一个 addok.asp 文件,在文件编辑区插入一个 3 行 3 列的表格,在其中添加内容,效果如图 8-62 所示。

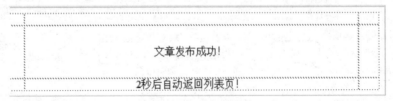

文章发布成功!

2秒后自动返回列表页!

图 8-62 新建文件

7. **设置返回**　选择"插入"→HTML→meta→refresh 命令，按图 8-63 所示操作，设置刷新返回，按 Ctrl+S 键保存文件。

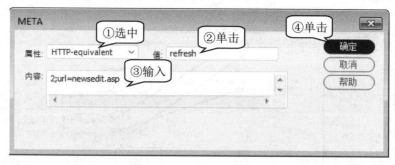

图 8-63　设置返回

实例 10　制作更新文章网页

修改已发布的文章是网站维护的一个常用操作，而更新文章页面就是针对其制作的。完成后的页面如图 8-64 所示。

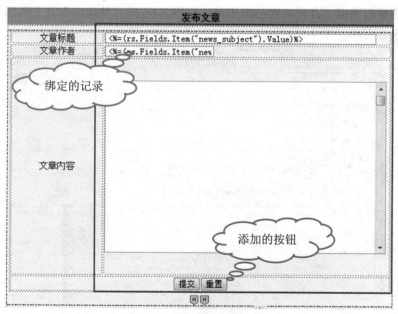

图 8-64　制作更新文章网页

打开站点中的 newsupdata.asp 文件，在表格中绑定对应的字段，并添加服务器行为(更新记录)。

 跟我学

1. **打开更新记录文件**　在站点文件夹中，双击 newsupdata.asp 文件，打开更新记录半成品页面。

2. **绑定字段** 选择"窗口"→"绑定"命令,在页面的相应位置,按图8-65所示操作,绑定字段。

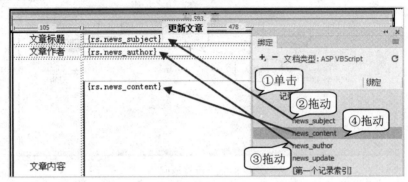

图 8-65 绑定字段

3. **更新记录** 选择整个表单,选择"窗口"→"服务器行为"命令,在"服务器行为"面板中,单击⊞按钮,选择"更新记录"命令,更新记录。

4. **设置更新连接** 在弹出的对话框中,按图8-66所示操作,设置更新连接,按Ctrl+S键保存文件。

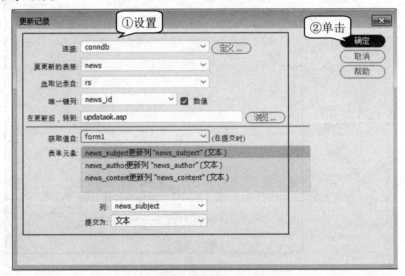

图 8-66 设置更新连接

5. **新建文件** 新建一个 updataok.asp 文件,在文件中添加内容,如图8-67所示。

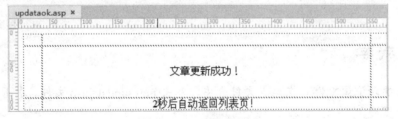

图 8-67 新建文件

6. **设置返回**　选择"插入"→HTML→meta→refresh 命令，按图 8-68 所示操作，设置刷新返回，按 Ctrl+S 键保存文件。

图 8-68　设置返回

实例 11　制作删除文章网页

删除文章网页是对已经发布的文章进行删除操作的页面，完成的页面如图 8-69 所示。

图 8-69　制作删除文章网页

打开删除文章网页半成品文件 del.asp，连接数据库，绑定记录集，插入按钮，添加服务器行为(删除记录)。

 跟我学

1. **打开删除文章网页文件**　打开站点文件夹中的文件 del.asp，连接数据库。
2. **绑定记录集**　选择"窗口"→"绑定"命令，按图 8-70 所示操作，绑定记录集。

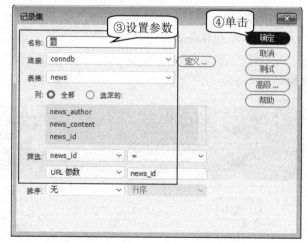

图 8-70　绑定记录集

3. **插入字段** 按图 8-71 所示操作，插入字段。

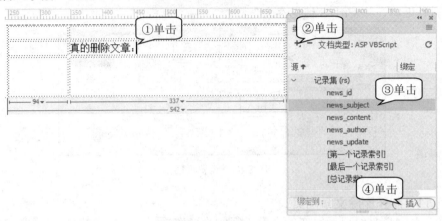

图 8-71 插入字段

4. **插入按钮** 移动光标至下方单元格中，选择"插入"→"表单"→"提交"按钮命令，按图 8-72 所示操作，插入按钮并设置。

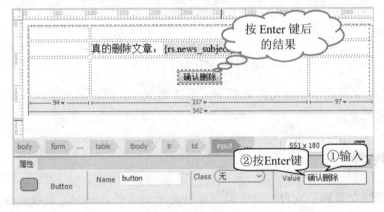

图 8-72 插入按钮

5. **添加服务器行为** 选择"窗口"→"服务器行为"命令，按图 8-73 所示操作，选中表单，添加服务器行为。

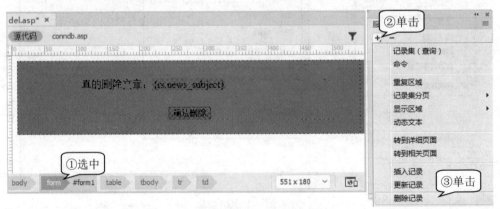

图 8-73 添加服务器行为

6. **删除记录**　按图 8-74 所示操作，设置参数删除记录，按 Ctrl+S 键保存文件。

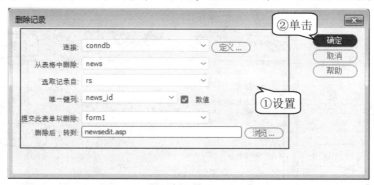

图 8-74　删除记录

实例 12　制作后台管理网页

后台管理网页是用来显示对文章进行管理操作(如删除、修改等)的页面，一般显示文章的目录，完成后的页面如图 8-75 所示。

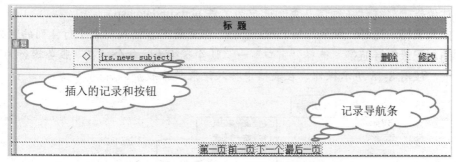

图 8-75　制作后台管理网页

制作时，先新建名为 newsedit.asp 的管理文件，连接数据库，布局网页，绑定记录集，给记录右面添加"删除"和"修改"按钮，最后设置重复区域并插入记录集导航条。

 跟我学

1. **新建管理文件**　复制站点中的文件 index.asp，按 Ctrl+V 键粘贴，将粘贴后的文件重命名为 newsedit.asp，连接数据库，效果如图 8-76 所示。

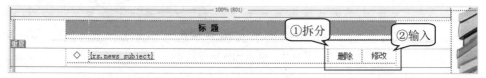

图 8-76　新建管理文件

　　本文件是复制 index.asp 的，因此，在文件中省略了绑定记录集、插入字段和设置重复区域等步骤。

2. **链接"删除"页面** 选中"删除"文字,按图 8-77 所示操作,链接"删除"页面文件 del.asp。

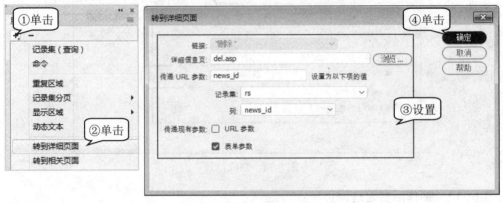

图 8-77 链接"删除"页面

3. **链接"修改"页面** 选中"修改"文字,按图 8-77 所示操作,在"转到详细页面"对话框中,将"详细信息页"选中为文件 newsupdata.asp。

4. **插入表格** 选择"插入"→Table 命令,在页面下方插入一个 1 行 4 列的表格。

5. **插入记录集导航条** 选择"窗口"→"服务器行为"命令,在"服务器行为"面板中,按图 8-78 所示操作,在表格中插入记录集导航条。

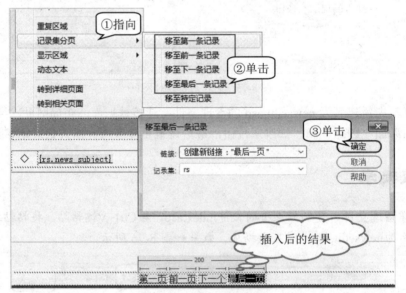

图 8-78 插入记录集导航条

6. **建立"发表文章"链接** 输入文字"发表文章"并选中,按图 8-79 所示操作,建立"发表文章"链接。

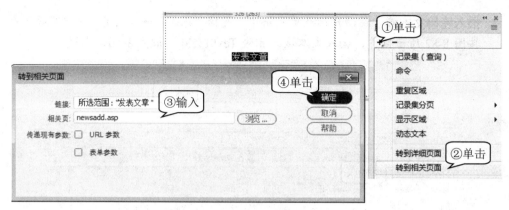

图 8-79　建立"发表文章"链接

实例 13　制作管理入口页面

管理入口页面用于管理员通过账户和密码登录，进入管理页面对文章进行管理，完成后的管理入口页面如图 8-80 所示。

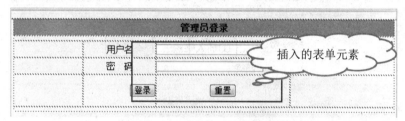

图 8-80　制作管理入口页面

打开管理入口半成品网页文件 login.asp，在表格对应的单元格中，插入用户名、密码文本域及对应的按钮，最后添加"登录用户"服务器行为。

 跟我学

1. **打开管理入口文件**　在站点文件夹中，双击文件 login.asp，打开管理入口半成品页面，连接数据库。

2. **插入用户名文本域**　在指定单元格中，选择"插入"→"表单"→"文本"命令，按图 8-81 所示操作，插入文本域，删除 Text Field:，设置用户名文本域。

图 8-81　插入用户名文本域

3. **插入密码文本域**　移动光标至单元格中，选择"插入"→"表单"→"密码"命令，按图 8-82 所示操作，插入文本域，删除 Text Field:，设置密码文本域。

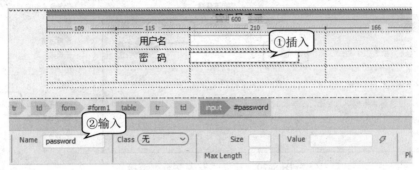

图 8-82　插入密码文本域

4. **插入按钮**　移动光标至单元格中，选择"插入"→"表单"→"按钮"命令，按图 8-83 所示操作，插入按钮并设置。

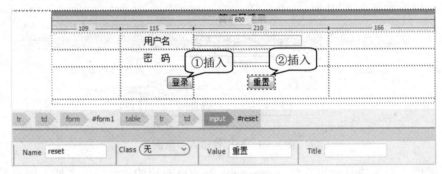

图 8-83　插入按钮

5. **登录用户设置**　选中整个表单，按图 8-84 所示操作，进行"登录用户"设置，按 Ctrl+S 键保存文件。

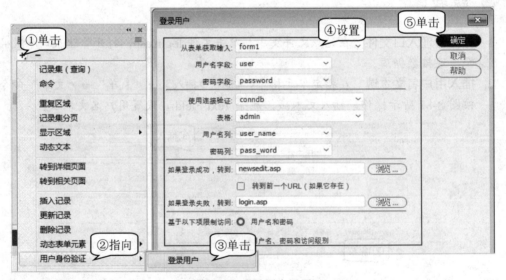

图 8-84　登录用户设置

6. **限制页面访问** 在"文件"面板中打开 newsedit.asp 网页，选择"服务器行为"→"用户身份验证"→"限制对页的访问"命令，按图 8-85 所示操作，限制对该网页的访问。

图 8-85 限制页面访问

7. **限制其他页面访问** 用同样的方法，分别打开 newsadd.asp、newsupdata.asp 等后台网页，限制对这些网页的访问。

8. **首页添加管理入口** 在"文件"面板中打开 index.asp 网页，按图 8-86 所示操作，添加管理入口连接。

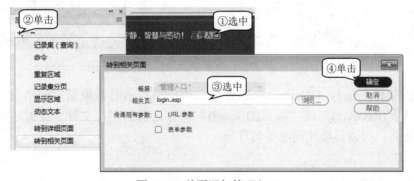

图 8-86 首页添加管理入口

 知识库

1. 使用 Dreamweaver 设计动态网页流程

使用 Dreamweaver 设计动态网页的一般流程如下。

- 建立页面与数据库连接。
- 查询需要显示的数据，生成记录集。
- 把记录集中的字段绑定到页面中。
- 使用服务器行为控制记录集的显示。

2. 添加服务器行为时出错

在 Dreamweaver CC 2018 中添加服务器时,因非法操作或操作不当,会使 Dreamweaver CC 2018 软件停止工作。当遇到这种情况时,可以按以下步骤进行解决。

- **结束程序工作** 单击"取消"按钮,结束 Dreamweaver 工作。
- **重装服务器行为** 按图 8-87 所示操作,重装服务器行为。

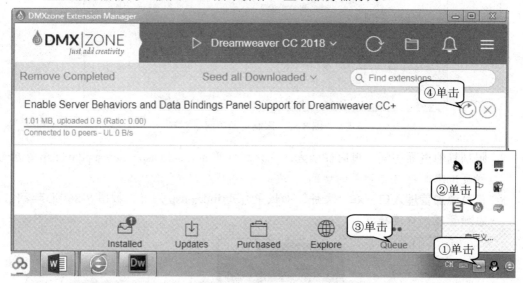

图 8-87 重装服务器行为

- **运行软件** 运行 Dreamweaver 软件,当出现提示时,根据实际情况,可以选择"恢复(Recover)"或"放弃(Discard)"保存之前的网页文件。此时,软件工作恢复正常,可以继续使用服务器行为。

8.5 小结和习题

8.5.1 本章小结

本章详细介绍了如何安装 IIS 服务、配置 Web 站点、定义站点和测试站点,学习了网页表单的制作方法和过程、如何使用 Access 建立一个数据库,初步学会了使用 Dreamweaver 制作动态网页的方法、构建一个简单动态网站的方法和技术。

- **安装和配置 IIS**:介绍在 Windows 7 中安装 IIS 7.0 的方法,并对 Web 站点进行必要的配置,为后期网站提供服务平台。
- **制作网页表单**:介绍表单及表单中的元素,并通过建立表单,利用 ASP 代码获取表单域中的数据,实现表单验证。

- **建立网站数据库**：介绍数据库的一些基础知识，并使用 Access 创建网站所需要的数据库。
- **制作动态网页**：通过一个案例网站来初步学习如何使用 Dreamweaver 制作动态网页，构建一个简单的动态网站。这里涉及如何在 Dreamweaver CC 2018 中连接 Access 数据库，怎样读取、删除、增加、修改数据库中数据表的信息，如何利用 Dreamweaver 实现动态网页内容的呈现等方面。

8.5.2　强化练习

一、填空题

1. 请完善下面一段 ASP 代码。

```
<body>
_____
    Response.write  "你好！"
_____
</body>
```

2. 下面一段 ASP 代码用于读取表单域中的数据，请补充完整。

```
myName =                        ("name")
```

3. 在 Access 数据库的表中，每一行称为一条＿＿＿＿＿＿＿＿，每一列称为一个＿＿＿＿＿＿＿＿。

4. 在 Dreamweaver 中测试网页功能，一定要运行的服务器是＿＿＿＿＿＿＿＿＿＿＿＿。

二、选择题

1. 在以下网页中，没有使用动态网页技术的是(　　　　)。
   A. index.htm　　　　B. default.asp　　　　C. index.jsp　　　　D. index.php
2. 在下面的应用中，不属于利用表单功能设计的有(　　　　)。
   A. 用户注册　　　　　　　　　B. 浏览数据库记录
   C. 网上订购　　　　　　　　　D. 用户登录
3. 以下有关表单的说法中，错误的是(　　　　)。
   A. 表单通常用于搜集用户信息
   B. 在 FORM 标记符中使用 action 属性指定表单所得程序的位置
   C. 表单中只能包含表单控件，不能包含其他诸如图片之类的内容
   D. 在 FORM 标记符中使用 method 属性指定提交表单数据的方法
4. 在指定单选框时，只有将(　　　　)属性的值指定为相同，才能使它们成为一组。
   A. type　　　　　　B. name　　　　　　C. value　　　　　　D. checked

三、操作题

1. 修改数据库(database.mdb)中的 admin 表，为其添加一个字段，具体要求如下。

字段名	数据类型
appl_date	日期

2. 修改站点中网页文件 newsadd.asp 的内容，为其添加网页发布日期的表单元素，效果如图 8-88 所示，并为其添加服务器行为。

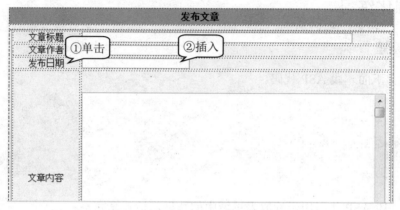

图 8-88　添加网页发布日期的表单元素

第 9 章

网页设计与制作实例

本章以制作网站"安徽旅游资源信息网"为例，通过网站需求分析，确定网站内容，收集处理网站素材，设计网站版式，建立站点，制作网页，最后选择网站域名与网站空间服务器上传发布网站等。本章主要介绍规划网站、加工处理素材、制作及发布网站的完整过程。

本章内容：
- 规划网站
- 加工素材
- 制作网站
- 发布网站

9.1　规划网站

"安徽旅游资源信息网"是介绍安徽省旅游景点、旅游信息、旅游线路、名优特产的专门网站,制作该网站首先要从明确网站的需求、网站的主要内容、设计素材的存储方式、设计网页的版面、色彩搭配、文字效果等方面考虑。

9.1.1　网站需求分析

"安徽旅游资源信息网"是一个以发布信息为主的网站,怎样有效发布信息是重点,因此对制作网站的内容与技术有如下要求。

1. 网站内容要求

网站内容要充实,由于旅游资源信息网以发布信息为主,因此要注意信息的准确性、时效性。

旅游网站需要配有大量的实景图片,以景点的照片吸引游客,再配以文字说明,让游客能在最短时间内对景点有所了解。

与商标一样,一个网站上也需要标志,让浏览网站的人留有深刻的印象,如安徽旅游景点具有代表性的是黄山,俗话说"五岳归来不看山,黄山归来不看岳",因此,可在网站的横幅上选择黄山景点的图片,如黄山的迎客松,不仅能代表安徽的旅游业,更能代表安徽人民的好客,欢迎大家到安徽旅游。

2. 网站技术要求

网站首先要界面美观,才能吸引游客,大量的实景图片,最好使用相册的方式组织,在首页要将所有重要的信息放置在显眼、重要的位置。其次要方便浏览,网页中各栏目结构清晰,在各页面之间可流畅查看。

9.1.2　规划网站内容

任何一个网站都不可能展现所有内容,必须对所需内容进行取舍,"安徽旅游资源信息网"也同样如此。由于安徽旅游景点众多,因此"安徽旅游资源信息网"将网站内容进行分类,从以下 8 个方面介绍,共做成 35 个页面,网站地图及网页命名如图 9-1 所示。

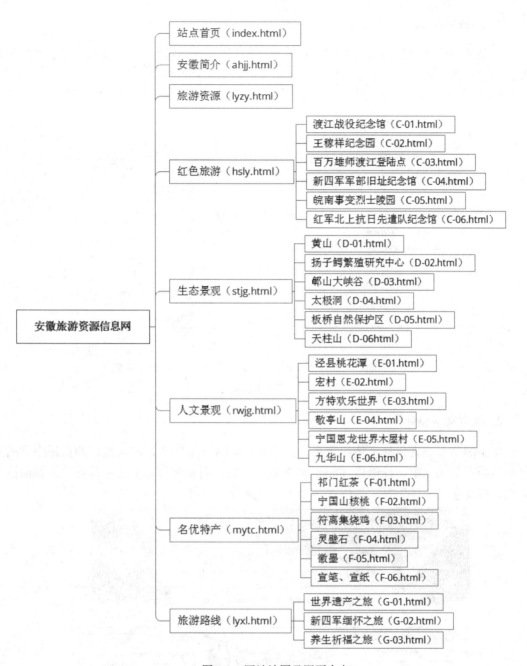

图 9-1　网站地图及网页命名

9.1.3　设计网站版式

　　根据特定的主题和内容，将文字、图片、动画等信息有机、有序地组织在一起，形成美观的页面并不是一件容易的事。网站版式设计将从网页版面、网页文字格式、网页色彩3 个方面进行设计。

1. 网页版面设计

为使整个网站风格一致，对网站进行统一的版面设计，设计了主页和一级子页两种框架，效果如图 9-2 所示。二级子页在一级子页的基础上修改得到。

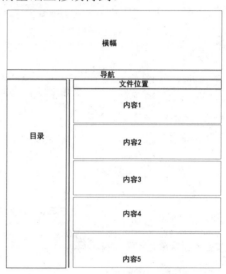

主页版面　　　　　　　　　　　　　　一级子页版面

图 9-2　网页版面设计

2. 网页文字设计

文字的基本元素包括字体的大小、颜色等，如图 9-3 所示，网页顶部的横幅中，网站名称用静态装饰文字，标语以 Flash 动态效果呈现，而导航与正文文字及页脚的辅助性文字用常规文字"宋体"显示，仅在字号上进行区分。

图 9-3　网页文字设计

3. 网页色彩设计

网页的色彩设计要遵从人的视觉习惯，在色彩搭配时应时刻注意眼睛的舒适性，因此要选择类似色，如图 9-4 左侧所示。考虑到网站中会使用大量景区的照片，颜色比较丰富，因此选择用背景色块区分栏目，做成相册，效果如图 9-4 右侧所示。

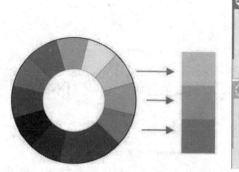 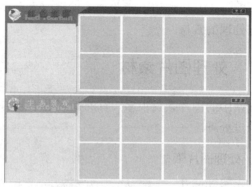

图 9-4　网页色彩设计

9.1.4　撰写网站规划书

一个网站的成功与建站前的策划紧紧相连，撰写网站的规划书，如表 10-1 所示，明确网站的目的、规模，并进行必要的分析，才能避免网站建设中出现的诸多问题，使网站建设顺利进行。

表 10-1　"安徽旅游资源信息网"网站规划书

市场分析	随着人们生活水平的不断提高，外出旅游成为一种常见的休闲方式，开发一个介绍旅游景点的网站，会有大量的点击率
网站功能	安徽省是旅游资源丰富的省份，为了宣传安徽省的旅游资源创建网站，为来安徽旅游的游客提供建议与意见、制定个性化的旅游攻略
技术分析	网页做成静态的。在制作网页前先使用 Fireworks 处理图片素材、绘制背景等，用 Flash 制作网页动画，网页制作使用软件 Dreamweaver 完成
内容规划	根据"安徽旅游资源信息网"的功能规划，网站包括红色旅游、生态景观、人文景观、名优特产、旅游路线等栏目
网页制作	因考虑一级子页的风格一致，制作完主页后制作一个一级子页"红色旅游"，用"红色旅游"网页制作模板，修改后得到其他一级子页如"生态景观"等的模板，最后分别利用一级子页的模板快速得到其他二级子页
维护更新	建站初期采用手工维护，第一次修改版面时，采用数据库方式维护，减少更新的工作量
测试发布	测试网页中的链接是否有效，浏览是否正常，做好发布后网站的更新、维护工作

9.2 处理网站素材

制作网站需要大量的文字、图片、动画、视频等素材，在建站准备过程中，收集到的素材有的不能直接使用，需要加工处理。本网站中用到的动画、栏目的背景图及照片等都是经过处理的素材。

9.2.1 处理图片素材

网站中的图片素材很多，有的是网上下载的，有的是拍摄的。这些素材不能直接使用，需要经过处理。

1. 处理图片素材

收集来的图片不一定符合制作网页的要求，如图 9-5 所示，制作图片横幅，图片上的部分信息需要删除，根据网站制作需要，这张图片上要添加网站名称信息"安徽旅游资源信息网"。

图 9-5 处理图片素材

先对图片进行裁剪，留下需要的部分，然后使用工具添加文字，再为文字添加"滤镜"效果，使文字在背景上更突出。

 跟我学

1. **打开文件** 运行 Fireworks 软件，选择"文件"→"打开"命令，打开"素材"文件夹中的文件"黄山.jpg"。
2. **裁剪图片** 按图 9-6 所示操作，裁掉图片下面的黑色区域。
3. **添加文字** 按图 9-7 所示操作，在图片上添加文字"安徽旅游资源信息网"。
4. **设置文字格式** 按图 9-8 所示操作，为文字"安徽旅游资源信息网"设置"外发光"滤镜效果。

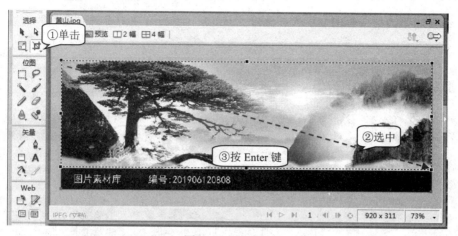

图 9-6　裁剪图片

图 9-7　添加文字

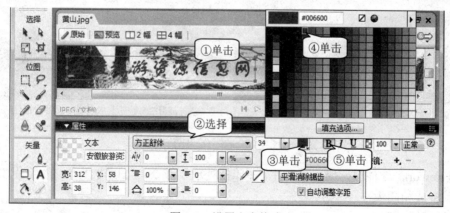

图 9-8　设置文字格式

5. **设置滤镜效果** 按图 9-9 所示操作,为文字"安徽省旅游资源信息网"设置"发光"滤镜效果。

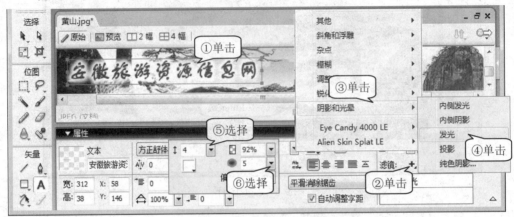

图 9-9 设置滤镜效果

6. **导出图片** 选择"文件"→"导出"命令,以 Logo.jpg 为名导出图片。

2. 批处理调整照片大小

"安徽旅游资源信息网"有大量的景区照片,这些照片按不同栏目放置在网页的不同位置,在同一个栏目中,照片的大小要求相同,如图 9-10 所示。如果在制作网页时一张一张调整,工作量会很大,可以在 Fireworks 软件中,使用批处理命令,一次得到多张相同大小的图片。

图 9-10 图片效果图

在 Fireworks 软件中,使用"文件"→"批处理"命令,可以方便将一批照片按比例缩放或者调整成相同大小。

跟我学

1. **选择命令**　运行软件 Fireworks，选择"文件"→"批处理"命令，打开"批次"
对话框。

2. **选择缩放图片**　按图 9-11 所示操作，选择需要缩放图片的文件名。

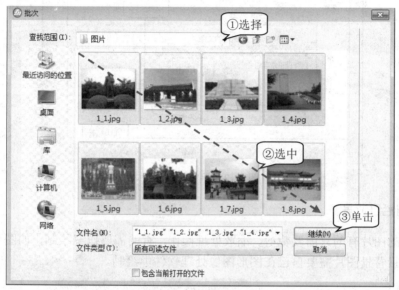

图 9-11　选择缩放图片

3. **设置缩放大小**　按图 9-12 所示操作，选择批次选项"缩放"，并设置缩放大小到
"154*116"。

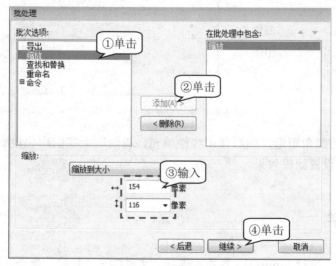

图 9-12　设置缩放大小

4. 保存缩放图片 按图 9-13 所示操作，将缩放好的图像存放到指定文件夹。

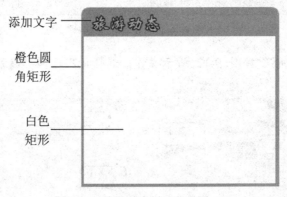

图 9-13 保存缩放图片

3. 绘制栏目背景

网站中的图片有的只需要裁剪、缩放处理操作，有的需要自己绘制，如图 9-14 所示的旅游动态栏目背景图片需要自己在图形图像处理软件中绘制。

图 9-14 旅游动态栏目背景图

先绘制外面的圆角矩形，然后使用线性填充，再绘制上层的白色矩形，最后输入文字"旅游动态"，并设置滤镜效果。

 跟我学

1. **新建文件** 运行 Fireworks 软件，选择"文件"→"新建"命令，打开"新建文档"对话框，按图 9-15 所示操作，新建画布为"268*239"的文档。

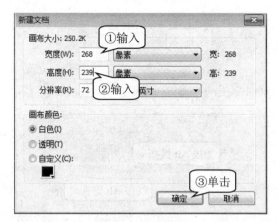

图 9-15　新建文档

2. **绘制圆角矩形**　按图9-16所示操作，选择"圆角矩形"工具与"橙色"填充色，绘
制圆角矩形。

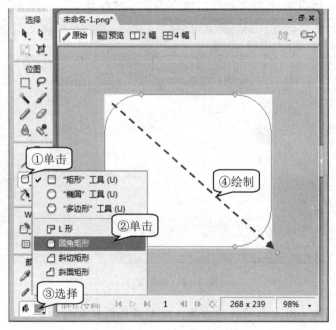

图 9-16　绘制圆角矩形

3. **调整圆角矩形**　按图 9-17 所示操作，将圆角矩形的上面两个角设置为圆角，下面 2
个角设置为直角。

> 　　在 Fireworks 中，拖动白色控制点可以调整图形大小，拖动黄色棱形
> 控制点可以调整图形形状，在调整时如果按住 Alt 键，可以调整局部形状。

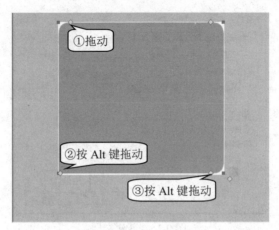

图 9-17　调整圆角矩形

4. **绘制白色矩形**　用上面同样的方法绘制白色矩形。
5. **添加文字**　按图 9-18 所示操作，输入文字"旅游动态"。

图 9-18　添加文字

6. **绘制其他图片**　用上面同样的方法，绘制其他图片素材。

9.2.2　制作首页动画

网页上的横幅中有少许动画点缀，如图 9-19 所示，动态显示文字"五岳归来不看山，黄山归来不看岳"，能增加吸引力。

先制作每个字的元件，包括两个图层，第一层是白色，第二层是黑色，位置稍微错开，形成投影效果，再为每个字做补间动画，形成由大到小的出场效果。

图 9-19　横幅动画效果

 跟我学

1. **设置舞台大小**　运行 Flash 软件，设置舞台的大小为"960*260"。
2. **添加图片**　使用"文件"→"导入到舞台"命令，将 logo.jpg 导入舞台上，按图 9-20 所示操作，将图片设置成舞台大小，作为背景。

图 9-20　添加图片

3. **新建影片剪辑**　使用"插入"→"新建元件"命令，弹出"创建新元件"对话框，按图 9-21 所示操作，创建影片剪辑"五"。

图 9-21　创建新元件

4. **制作影片剪辑**　在影片剪辑中新建两个图层，每个图层上输入文字"五"，并将上面图层设置成浅灰色，下面图层设置成黑色，制作投影文字效果，如图9-22所示。

图9-22　制作影片剪辑

5. **制作文字"五"动画**　添加一个新图层，按图9-23所示操作，为文本"五"创建补间动画，产生文字"五"由大到小的出场效果。

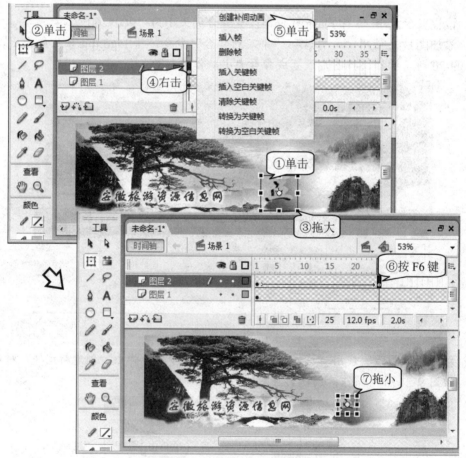

图9-23　制作文字"五"动画效果

6. **制作其他文字动画**　用上面同样的方法，分别制作"岳归来不看山，黄山归来不看岳"文字的动画效果。

7. **保存动画**　将动画以 logo.fla 为名保存到 images 文件夹中。

8. **发布动画**　按 Ctrl+Enter 键测试动画，得到 logo.swf 文件，备用。

9.3　制作网站

"安徽旅游资源信息网"共有 30 多个页面，按层次分共分为 3 层，第一层是首页，要单独制作，第二层是一级子页，共 8 个页面，这些页面的版面基本一致，只是内容有变化，剩下的第三层是由 8 个一级子页变化得到的，可将一级子页做成模板，生成得到二级子页。

9.3.1　建立站点

网站具有管理网页和素材的功能，所以先建立站点，然后在站点中创建网页、建立文件夹，管理站点中的素材资源。运行软件，建立相关文件夹，效果如图 9-24 所示。

首先创建"安徽旅游资源信息网"站点，然后在"文件"面板中建立相关的文件夹，搭建网站构架。

跟我学

1. **建立站点**　运行软件，选择"站点"→"新建站点"命令，按图 9-25 所示操作，创建站点。

图 9-24　建立网站站点

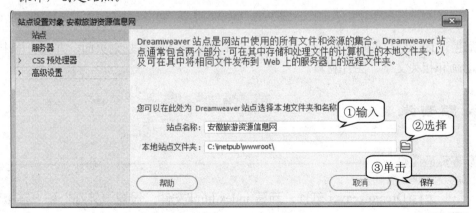

图 9-25　建立站点

2. **新建文件夹**　按图 9-26 所示操作，创建文件夹，分类管理图像、网页等文件。

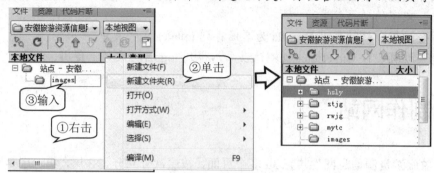

图 9-26　新建文件夹

3. **添加素材**　将收集到的图片、动画等素材，复制到 images 文件夹中。

9.3.2　制作首页

建立站点后，接下来的任务就是制作网页。通过使用表格进行布局规划、新建 CSS 规则美化页面内容、编辑和美化网页内容等一系列操作，完成如图 9-27 所示的首页。

图 9-27　制作首页

新建 index.html 文件，设置页面属性，然后通过插入表格规划页面，并在表格中插入 Flash 动画和相关文字、图片材料。

 跟我学

设置页面属性

运行 Dreamweaver 软件，新建 index.html 文件，设置"外观"和"链接"页面属性。

1. **新建文件**　运行 Dreamweaver 软件，在"文件"面板中，双击打开 index.html 首页
   文件。
2. **设置页面属性**　选择"修改"→"页面属性"命令，按图 9-28 所示操作，设置外观
   (CSS)。

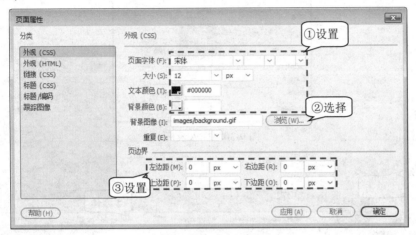

图 9-28　设置外观(CSS)

3. **设置链接**　单击"链接(CSS)"选项，设置如图 9-29 所示的参数，单击"确定"
   按钮。

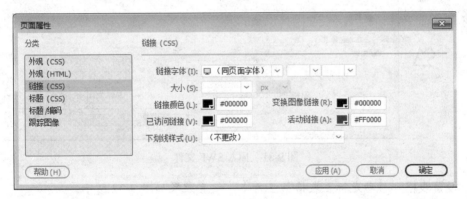

图 9-29　设置链接(CSS)

插入 Flash 动画

　　　　插入一个 2 行 1 列的表格，在表格第 1 行中插入 Flash 动画，并设置表格
第 2 行的属性。

1. **插入表格**　选择"插入"→"表格"命令，按图 9-30 所示操作，插入表格。
2. **设置对齐**　在"表格"属性窗口中，设置表格的水平对齐方式为"居中对齐"。
3. **插入 SWF 文件**　移动光标至表格第 1 行中，按图 9-31 所示操作，插入 SWF 文件。

图 9-30 插入表格

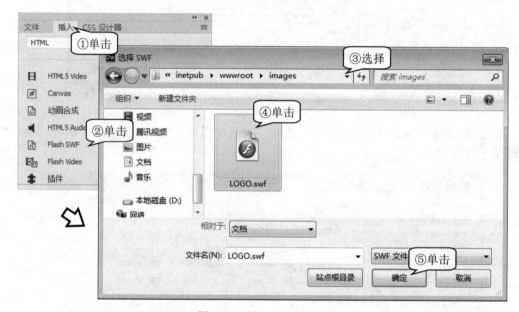

图 9-31 插入 SWF 文件

4. **设置表格** 移动光标至表格第 2 行中，设置效果如图 9-32 所示。

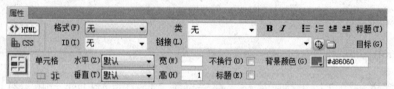

图 9-32 设置表格第 2 行

制作导航菜单

插入一个 2 行 1 列的表格，在表格中输入文字，并对文字设置对应的超链接。

1. **插入表格**　移动光标至表格下面，插入一个 2 行 1 列的表格，并设置表格的宽度为 960 像素，表格的对齐方式为"居中对齐"。
2. **设置表格**　设置表格第 1 行单元格的高度为 36、背景颜色为#FFFFFF，第 2 行单元格的高度为 2、背景颜色为#990000，并删除单元格中的内容。
3. **设置对齐方式**　移动光标至第 1 行，在单元格中插入一个宽度为 900、对齐方式为"居中对齐"的 1 行 1 列表格。
4. **输入文字**　移动光标至表格内，输入如图 9-33 所示的导航菜单文字信息。

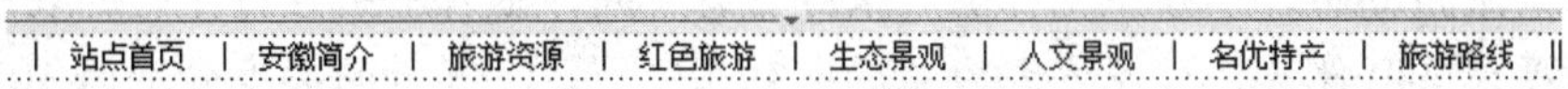

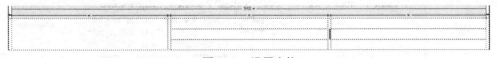

| 站点首页 | 安徽简介 | 旅游资源 | 红色旅游 | 生态景观 | 人文景观 | 名优特产 | 旅游路线 ‖

图 9-33　导航菜单文字

5. **设置超链接**　选择文字"站点首页"，设置超链接，链接到文件 index.html。

制作旅游动态行

　　插入一个 3 行 1 列的表格，合并和设置表格的属性，并在表格中插入图片和对应的文字。

1. **插入表格**　移动光标至表格下面，插入一个 3 行 1 列的表格，表格的宽度为 960 像素，对齐方式为"居中对齐"，表格的背景颜色为#FFFFFF。
2. **设置表格**　设置表格第 1、3 行单元格的高度为 6 像素，在"代码"窗口中，删除第 1、3 行单元格中的内容 。
3. **插入表格**　移动光标至表格第 2 行，插入一个 3 行 5 列的表格，表格的宽度为 948 像素，对齐方式为"居中对齐"。
4. **设置表格**　分别选取表格的第 1、2、4 列，合并单元格，设置第 2、4 列单元格的宽度为 6 像素，具体效果如图 9-34 所示。

图 9-34　设置表格

5. **设置表格**　设置表格第 1 列的宽度为 268 像素，高度为 239 像素，背景为 daohang_bg.gif，合并表格第 3 列。
6. **最终效果**　设置表格第 5 列第 1 行的高度为 36 像素，背景为 d_t.gif；第 5 列第 2 行的高度为 199 像素，背景为 d_bg.gif；第 5 列第 3 行的高度为 2 像素，背景为 d_b.gif，删除单元格中的内容 ，最后的效果如图 9-35 所示。
7. **插入图片**　移动光标至表格第 2 列，选择"插入"→"图像"命令，插入图片 lydt.jpg。
8. **设置图片**　选取插入的图片，在"属性"窗口中设置图片的宽度为 276 像素，高度为 235 像素。

图 9-35　表格效果图

9. **制作"旅游动态"**　移动光标至"旅游动态"列，插入一个 8 行 1 列的表格，表格的宽度为 240 像素，对齐方式为"居中对齐"；第 1、3 行的高度分别为 10 像素、6 像素，并删除单元格中的内容 ；设置第 4~8 行单元格的高度为 28 像素，并输入文字信息，效果如图 9-36 所示。

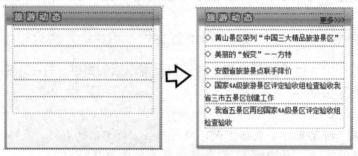

图 9-36　"旅游动态"效果图

10. **制作"安徽简介"**　移动光标至"安徽简介"列的第 2 行，插入一个宽度为 242 像素的 1 行 1 列表格，表格的对齐方式为"居中对齐"，并在表格中输入文字，具体效果如图 9-37 所示。

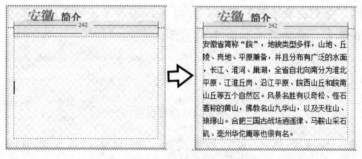

图 9-37　"安徽简介"效果图

制作热点推荐栏

添加 CSS 规则，插入表格并设置表格的属性，然后在表格中插入图片和对应的文字。

1. **新建 CSS 文件**　在"CSS 样式"面板中，单击"新建 CSS"按钮，按图 9-38 所示操作，新建 style01 文件。

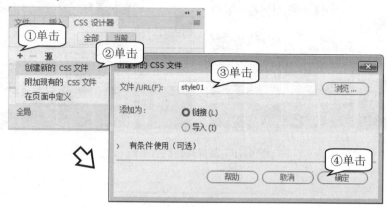

图 9-38 新建 "style01" CSS 规则

2. **添加 CSS 规则** 在 style01 文件中定义 CSS 规则，将背景设为 r2.gif。

3. **插入表格** 移动光标至页面下方，插入一个宽度为 960 像素的 1 行 2 列的表格，表格的对齐方式为 "居中对齐"，设置表格第 1 列宽度为 44 像素，并在其中插入图片 r1.jpg。

4. **设置背景** 移动光标至表格第 2 列，设置第 2 列背景。

5. **插入并设置表格** 在第 2 列中插入一个 1 行 1 列的表格，宽度为 910 像素，表格对齐方式为 "居中对齐"，表格背景颜色为#FFFFFF。

6. **再次插入并设置表格** 在插入的表格中再插入一个 2 行 13 列的表格，表格的宽度为 910 像素，表格的对齐方式为 "居中对齐"，表格背景颜色为#FFFFFF，表格第 2 行的高度为 10 像素，然后合并表格第 1、3、5、7、9、11、13 列，效果如图 9-39 所示。

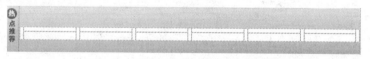

图 9-39 "热点推荐" 栏的表格效果图

7. **插入图片** 移动光标至表格中，在表格中插入图片并输入对应的文字，设置文字的对齐方式为 "居中对齐"，具体效果如图 9-40 所示。

图 9-40 "热点推荐" 栏最终效果图

8. **完成其他部分** 用同样的方法，制作首页 "红色旅游" "生态景观" "人文景观" 和 "名优特产" 等部分内容，具体效果如图 9-41 所示。

图 9-41 首页其他栏效果图

制作网页底部信息

插入一个 3 行 1 列的表格，设置表格的属性，在表格中添加对应的文字信息。

1. **插入并设置表格** 移动光标至"名优特产"表格下方，插入一个 3 行 1 列宽度为 960 像素的表格，表格对齐方式为"居中对齐"。
2. **设置表格** 分别设置表格第 1、2 行单元格的背景颜色为#FFFFFF、#990000，高度都为 6 像素，删除单元格中的内容 。
3. **制作网页底部** 移动光标至表格第 3 行，按图 9-42 所示操作，完成网站信息部分的制作。

图 9-42 制作网页底部

4. **保存文件** 选择"文件"→"保存"命令，保存首页文件。

9.3.3 制作分栏页面

站点首页完成后，接下来的任务就是分栏目页面的制作，分栏目页面是栏目内容的简介和目录，通过它可以链接到各个分页面。以"红色旅游"栏目为例，效果如图 9-43 所示，介绍分栏目页面的制作。

打开 index.html 文件，复制到新建的 hsly.html 文件中，然后再通过插入表格规划页面，在表格中添加对应的图片和文字信息。

图 9-43 制作"红色旅游"分栏目页面

 跟我学

1. **新建网页** 运行软件，选择"文件"→"新建"命令，新建网页文件并存为 hsly.html。

2. **打开文件** 在"文件"面板中，双击打开首页文件 index.html。

3. **选取并复制** 选择横幅(banner)栏和导航栏，如图 9-44 所示，按 Ctrl+C 键复制网页内容。

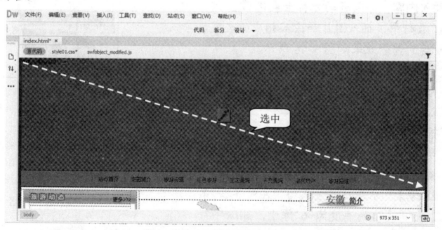

图 9-44 选取横幅栏和导航栏

4. **粘贴表格** 单击文件名 hsly.html，切换到"红色旅游"栏目页编辑窗口，按 Ctrl+V 键粘贴表格内容。

5. **插入表格 1** 移动光标至表格下方，选择"插入"→"表格"命令，插入一个 2 行 3 列的表格，表格的宽度为 960 像素。

6. **设置表格属性** 设置表格对齐方式为"居中对齐"，单元格的背景颜色为#FFFFFF，合并表格第1行，设置第1行的高度为6像素，删除表格中的内容 ; 设置表格第2行第1列的宽度为280像素，第2行第2列的宽度为10像素，效果如图9-45所示。

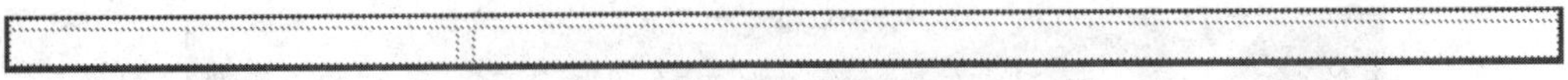

图 9-45　设置表格属性

7. **插入表格 2**　移动光标至第 2 行第 1 列单元格中，插入一个 2 行 1 列的表格，表格宽度为 260 像素，水平对齐方式为"居中对齐"，设置背景颜色为#B93400，表格的间距为 1 像素，设置表格第 2 行单元格的背景颜色为#FFFFFF，效果如图 9-46 所示。

图 9-46　插入并设置表格 2

8. **插入表格 3**　选择"插入"→"图片"命令，在单元格中插入图片 jg_red.jpg，移动光标至第 2 行，插入一个 9 行 1 列的表格，宽度为 240 像素，水平对齐方式为"居中对齐"，并设置单元格的属性，具体效果如图 9-47 所示。

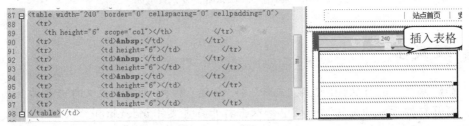

图 9-47　插入并设置表格 3

9. **插入内容**　分别移动光标至表格第 2、4、6、8 行中，插入图片和输入相应的文字，最后的部分效果如图 9-48 所示。

10. **设置对齐方式**　移动光标至右边空白单元格，设置单元格垂直对齐方式为"顶端对齐"。

11. **插入表格 4**　选择"插入"→"表格"命令，插入一个 2 行 1 列、宽度为 660 像素的表格。设置第 1 行单元格的高度为 28 像素，水平对齐方式为"左对齐"，第 2 行单元格的高度为 6 像素，删除字符

图 9-48　插入表格内容

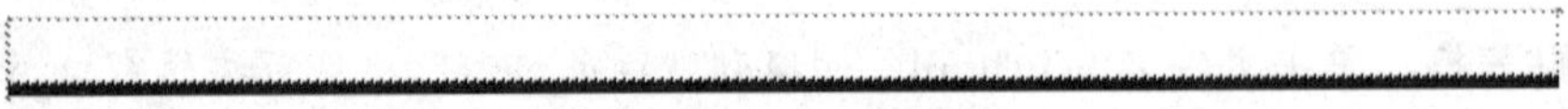

 ，单元格背景颜色为#000000，表格的效果如图 9-49 所示。

图 9-49　插入表格 4

12. **添加表格内容**　选择"插入"→"图片"命令，在表格中插入图片 arrow1.gif，输入如图 9-50 所示的文字信息。

您现在的位置：站点首页　>>　红色旅游　>>　栏目首页

图 9-50　添加表格内容

13. **插入并设置表格 5**　插入一个 4 行 2 列的表格，合并表格第 1、3、4 行，分别设置行高为 12、6、1 像素，删除字符 ，设置第 4 行的背景图片为 bgh.gif。

14. **添加表格内容**　设置第 2 行第 1 列单元格的宽度为 106 像素、高度为 72 像素，插入图片 1_8.jpg，在右侧的单元格中输入文字并设置文字格式，具体效果如图 9-51 所示。

图 9-51　添加表格内容

15. **完成其他页面制作**　同样的方法，完成网站中其他一级页面的制作，并设置超链接。

9.3.4　使用模板创建子页面

在 Dreamweaver 软件中，可以在一个网页文件上修改得到与它结构相同的其他网页文件，也可以使用模板文件创建，效果如图 9-52 所示，使用左侧的模板文件，创建得到右侧的网页文件。

打开已经做好的网页文件，修改后另存为模板文件，设置可编辑区域后保存。新建文件，选择用模板文件创建，只需要修改可编辑区域的信息即可得到新的网页。

图 9-52　用模板文件创建子页面

跟我学

1. **打开文件**　打开文件 hsly.html(红色旅游栏目页面)。

2. 修改网页 将网页右下部分的内容删除，效果如图 9-53 所示。

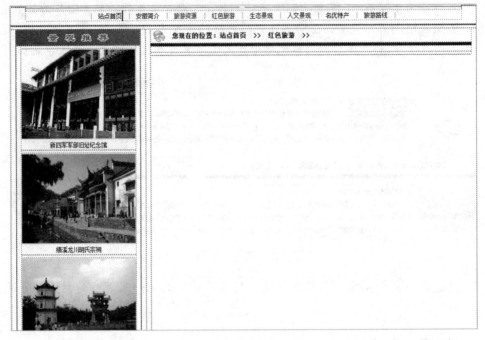

图 9-53　修改网页

3. 保存为模板文件 选择"文件"→"另存为"命令，在弹出的"另存为"对话框中，将文件存为模板文件。

4. 设置可编辑区域 选择"插入"→"模板"→"可编辑区域"命令，按图 9-54 所示操作，在网页上创建可编辑区域。

图 9-54　设置可编辑区域

5. 保存模板 用上面同样的方法，再创建一个可编辑区域，单击"保存"按钮，保存并关闭模板文件。

6. **用模板创建新页面**　按图 9-55 所示操作，用模板文件新建网页文件。

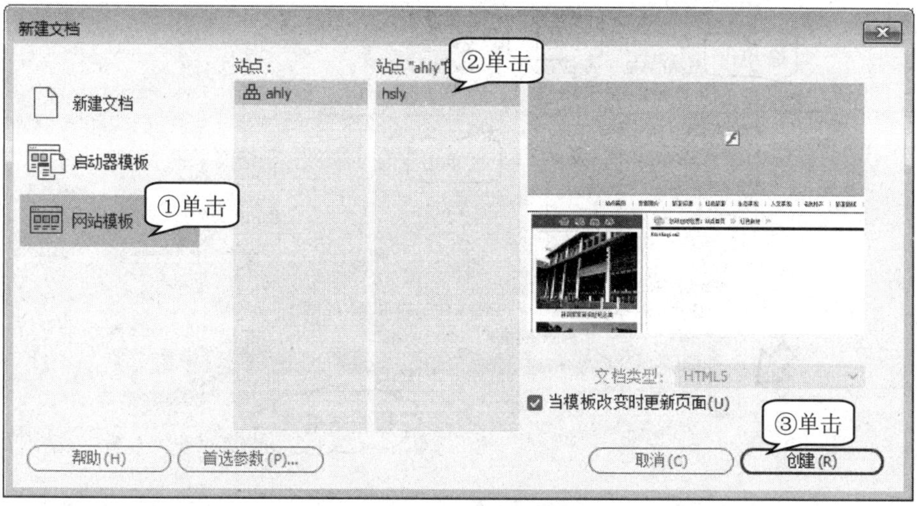

图 9-55　用模板创建网页文件

7. **完善网页内容**　打开素材文件，将"新四军军部纪念馆"的内容添加到网页上，完成网页制作。

8. **保存网页**　按 F12 键浏览网页后，保存网页。

9.4　发布网站

"安徽旅游资源信息网"完成后，最终目的是要让所有人都可以访问，这就需要对网站进行系统测试，检查网站实现的功能是否达到系统设计的要求，寻找网站可能存在的问题，为网站注册域名，选择合适的 Web 服务，上传网站。网站发布后，还必须在实际的网站运营环境中测试网站的运行性能，对网站进行维护。

9.4.1　测试网站

网站的测试是发布前一个非常重要的环节，网站的测试包含浏览器兼容测试、网页链接有效性测试等。发布站点前应确认所有文本和图形是否能正确显示，所有的链接地址是否有效。

跟我学

1. **打开文件**　运行 Dreamweaver 软件，打开网站首页文件 index.html。

2. **打开"链接检查器"面板**　选择"窗口"→"结果"→"链接检查器"命令，打开"链接检查器"面板。

3. **检查链接**　按图 9-56 所示操作，检查当前打开的网页文件 index.html 断掉的链接。

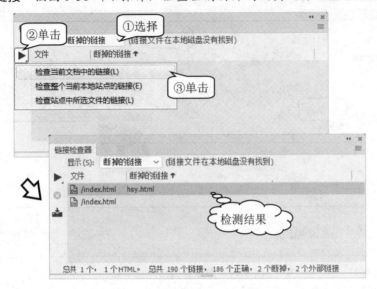

图 9-56　检查链接

4. **修复链接**　按图 9-57 所示操作，查找断掉的链接并修复。

图 9-57　修复链接

5. **检查其他页面链接**　用上面同样的方法，检查其他页面链接，根据反馈情况，完善链接。

9.4.2　申请网站与空间

网站检查完毕，确定没有问题后，可以为网站选择域名并申请网站空间，用来存放已经创建好的网站内容，让网站能够被外部用户访问。因为"安徽旅游资源信息网"规模较小，所以可选择租用虚拟主机的方式，提供虚拟主机与域名的网站很多，下面在万网上进行申请。

 跟我学

1. **用户登录**　打开百度搜索引擎，搜索"万网"，在查询结果中找到并打开"万网"首页，用已经注册的账户登录，并进行实名认证。
2. **申请域名**　按图 9-58 所示操作，申请域名。

图 9-58　申请域名

3. **付费购买**　按图 9-59 所示操作，可以付费购买自己选择的域名。

图 9-59　付费购买

> 为"安徽旅游资源信息网"申请域名，如果付费，则可选择便于记忆的域名：ahlyzyxxw.online，免费的域名是：hyw4424370001.my3w.com。

4. **免费虚拟机申请**　按图 9-60 所示操作，申请免费虚拟机。
5. **进行账号设置**　按图 9-61 所示操作，对主机进行管理设置。

图 9-60   免费虚拟机申请

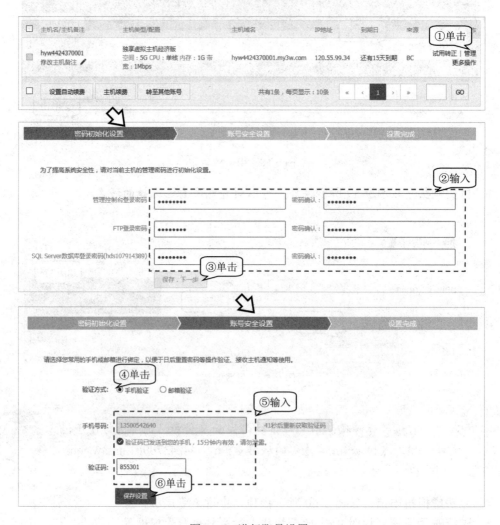

图 9-61   进行账号设置

6. **记下账号信息** 设置成功后，查看如图 9-62 所示的信息，并记下账号信息。

图 9-62 记下账号信息

9.4.3 上传网站

在申请虚拟主机，完成备案与绑定工作之后，就可以实现网站内容的发布了。一般虚拟主机会提供一个 FTP 地址，让用户可以通过 FTP 客户端上传网页。Dreamweaver 的网站管理工具内置了 FTP 上传工具，可以直接上传、发布网页。

 跟我学

1. **查看文件** 使用"窗口"→"文件"命令，打开"文件"面板，查看网站中的文件。
2. **连接远程服务器** 按图 9-63 所示操作，完成设置，连接远程服务器。

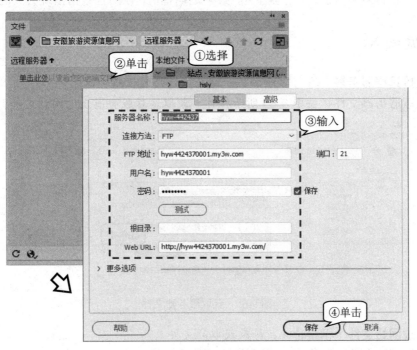

图 9-63 连接远程服务器

3. **上传网站** 按图 9-64 所示操作，上传网站"安徽旅游资源信息网"内容。

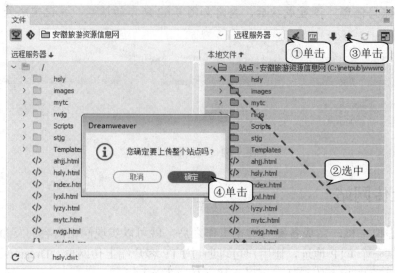

图 9-64　上传网站

9.4.4　维护、更新网站

网站创建并发布后，还需要进行维护、更新。维护主要是数据库要及时备份，数据库的内容往往保存了网站的重要内容住处，必须定期备份，以防止数据出现丢失的可能情况。

 跟我学

1. **连接远程服务器**　运行软件，打开站点，连接远程服务器。
2. **获取服务器文件**　按图 9-65 所示操作，获取远程服务器上的网站文件。

图 9-65　获取服务器文件

3. **修改网站文件**　根据情况，修改获取的文件。
4. **上传网站文件**　按图 9-66 所示操作，上传网站文件到远程服务器。

图 9-66　上传网站文件

9.5　小结和习题

9.5.1　本章小结

本章主要通过"安徽旅游资源信息网"的制作，详细介绍了网站开发制作的过程，具体包括以下主要内容。

- **网站规划**：主要介绍了网站制作的需要分析，包括制作网站需要哪些条件、分几步完成、如何完成等，然后还需要准备网站制作所学的素材。
- **素材处理**：主要介绍了素材的收集与存储方式，以及图片、动画素材的加工方法。
- **页面制作**：主要通过表格布局网页，集成各种素材，如文字、图片、Flash 动画等，来完成网页的制作。
- **网站发布**：通过申请域名、空间，上传网站，介绍发布、更新网站的方法。

9.5.2　强化练习

一、选择题

1. 关于下列代码，描述正确的是(　　　　)。

```
<body>
<table width="59%" border="0" cellspacing="0" cellpadding="0">
  <tr>
    <td width="39%">课程名</td>
    <td width="38%">日期</td>
    <td width="23%">地点</td>
  </tr>
  <tr>
    <td>Dreamweaver 网页设计</td>
    <td>2007 年 9 月 1 日</td>
    <td>302</td>
```

```
    </tr>
  </table>
</body>
```

    A. 该表格有 2 行、3 列　　　　　B. 该表格有 3 行、3 列

    C. 该表格有 3 行、2 列　　　　　D. 该表格有 2 行、2 列

2. 在下列特殊符号中，表示空格的是(　　　)。

    A. "　　　　　B. 　　　　　C. &　　　　　D. ©

3. 下列关于站点，正确的说法是(　　　)。

    A. 建立网站无须建立站点

    B. 只有建立动态网站时才需要建立站点，静态网站无须建立站点

    C. 只有建立静态网站时才需要建立站点，动态网站无须建立站点

    D. 建立网站前必须要建立站点；修改某网页内容时，也必须打开站点，然后修改
      站点内的网页

4. 在 Dreamweaver 中，下列关于插入页面中的 Flash 动画的说法错误的是(　　　)。

    A. .fla 文件尚未在 Flash 中发布，不能导入 Dreamweaver 中

    B. Flash 在 Dreamweaver 的编辑状态下可以预览动画

    C. 在属性检查器中可为影片设置播放参数

    D. Flash 文件只有在浏览器中才能播放

二、简答题

1. 规划网站需要完成哪些任务？

2. 发布网站前，如何检查网页上的链接？

3. 思考如何使用数据库更新旅游动态栏目。